我最喜欢的趣味代数书

ALGEBRA

[俄罗斯] 别莱利曼 著　　柯楠 编译

中国纺织出版社

内 容 提 要

　　本书是俄国科普作家别莱利曼的经典代表作之一，书中避免了枯燥无味的说教，选择用有趣的数学故事、数学历史上的难题，把一些普通的代数学知识与实际生活相结合，既让读者们重温、巩固已经掌握的代数知识，也培养了他们对代数的兴趣，以及积极探索和学习的能力。

图书在版编目（CIP）数据

　　我最喜欢的趣味代数书 /（俄罗斯）别莱利曼著；柯楠编译. —北京：中国纺织出版社，2018.12
　　ISBN 978-7-5180-5306-3

　　Ⅰ.①我… Ⅱ.①别… ②柯… Ⅲ.①代数—青少年读物 Ⅳ.①O15-49

　　中国版本图书馆CIP数据核字（2018）第191173号

策划编辑：郝珊珊　　责任校对：寇晨晨　　责任印制：储志伟

中国纺织出版社出版发行
地址：北京市朝阳区百子湾东里A407号楼　邮政编码：100124
销售电话：010—67004422　传真：010—87155801
http：//www.c-textilep.com
E-mail：faxing@c-textilep.com
中国纺织出版社天猫旗舰店
官方微博http：//weibo.com/2119887771
三河市宏盛印务有限公司印刷　各地新华书店经销
2018年12月第1版第1次印刷
开本：710×1000　1/16　印张：12
字数：114千字　定价：39.80元

凡购本书，如有缺页、倒页、脱页，由本社图书营销中心调换

编译者序

"全世界孩子最喜爱的大师趣味科学丛书"是世界著名科普作家别莱利曼最经典的作品之一，从1916年完成到1986年已经再版22次，被翻译成十几种文字，畅销20多个国家，全世界销量超过2000万册。

别莱利曼通过巧妙的分析，把一些高深的科学原理变得通俗简单，让晦涩难懂的科学习题变得生动有趣，还有各种奇思妙想以及让人意想不到的比对。这些内容大都跟我们的日常生活息息相关，有的取材于科学幻想作品，如马克·吐温、儒勒·凡尔纳、威尔斯等作者的作品片段，这些名著中描绘的奇妙经历，呈现出了鲜活的案例，不仅引人入胜，还能让读者在趣味阅读中收获知识。

由于写作年代的限制，这套书存在一定的局限性，毕竟作者在创作这套书时，科学研究没有现在严谨，书中用了一些旧制单位，且随着科学的发展，很多数据已经发生了改变。在编译这套书时，我们在保持这一伟大作品的精髓的同时，也做了些许的改动，并结合现代科学知识，进行了一些小小的补充。希望读者们在阅读时，能够有更大的收获。

在编译的过程中，我们已经尽了最大的努力，但依然难免会有疏漏之处。在此，恳请读者提出宝贵的意见和建议，帮助我们进行完善和改进。

目 录

Chapter1　第五种数学运算

第五种运算——乘方　\002

乘方带来的便利　\003

地球质量是空气质量的几倍　\004

没有火焰和热也可以燃烧　\005

天气变化的概率　\006

破解密码　\007

碰上"倒霉号"的概率　\008

用2累乘的惊人结果　\009

快100万倍的触发器　\011

计算机的计算原理　\014

共有多少种可能的国际象棋棋局　\017

自动下棋机中隐藏的秘密　\019

用3个2写一个最大的数　\021

用3个3写一个最大的数　\022

3个4　\023

3个相同的数字排列的秘密　\024

用4个1写一个最大的数　\025

用4个2写一个最大的数　\026

Chapter2　代数的语言

列方程的诀窍　\030

丢藩图的年龄　\032

马和骡子分别驮了多少包裹　\033

四兄弟分别有多少钱　\034

两只鸟的问题　\035

两家的距离　\037

割草组共有多少人　\038

牛吃草的问题　\041

牛顿著作中的问题　\043

时针和分针对调　\045

时针和分针重合　\047

猜数游戏中的秘密　\048

"荒唐"的数学题　\051

方程比我们考虑得更周密　\052

古怪的数学题　\053

理发店里的数学题 \056

电车多长时间发出一辆车 \057

乘木筏需要多久 \059

咖啡的净重 \060

晚会上有多少跳舞的男士 \061

侦察船多久返回 \062

自行车手的速度 \064

摩托车比赛问题 \065

汽车的平均行驶速度 \067

Chapter3
算术的好帮手——速乘法

了解速乘法 \070

数字1、5和6的特性 \073

数25和76的特性 \074

无限长的"数" \075

一个关于补差的古代民间题目 \077

能被11整除的数 \079

逃逸汽车的车牌号 \081

苏菲·热门的题目 \083

合数有多少个 \084

素数有多少个 \086

已知的最大素数 \087

有时算术方法更简单 \088

Chapter4 丢藩图方程

该如何付钱 \090

恢复账目 \093

每种邮票各买几张 \095

每种水果各买几个 \096

推算生日 \098

卖鸡 \100

自由的数学思考 \102

什么样的矩形 \103

有趣的两位数 \104

整数勾股弦数的特性 \106

Chapter5 第六种数学运算

第六种运算——开方 \110

比较大小 \111

一看便知 \112

代数喜剧 \113

Chapter6 二次方程

参加会议的人有多少 \116

求蜜蜂的数量 \117

共有多少只猴子 \118

有先见之明的方程 \119

农妇卖蛋 \120

扩音器 \122

火箭飞向月球 \123

画中的"难题" \126

找出3个数 \128

Chapter7　最大值和最小值

两列火车的最近距离 \130

车站应该设在哪里 \132

如何确定公路线 \134

何时乘积最大 \136

什么情况下和最小 \139

什么形状的方木梁体积最大 \140

两块土地的问题 \141

什么形状的风筝面积最大 \142

修建房子 \143

何时圈起的面积最大 \145

何时截面积最大 \146

何时漏斗的容量最大 \148

这样才能将硬币照得最亮 \150

Chapter8　级数

最古老的级数 \154

用方格纸推导公式 \156

园丁所走的路程 \157

喂鸡 \158

挖沟问题 \159

原来有多少个苹果 \160

需要花多少钱买马 \161

发放抚恤金 \162

Chapter9　第七种数学运算

第七种运算——取对数 \164

对数的劲敌 \166

进化的对数表 \168

对数"巨人" \169

舞台上的速算家 \171

饲养场里的对数 \173

对数、噪声和恒星 \174

灯丝的温度 \176

遗嘱中的对数 \178

连续增长的资金 \180

神奇的无理数"e" \181

用对数"证明"2＞3 \183

用3个2表示任意数 \184

Chapter1
第五种数学运算

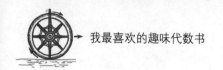

第五种运算——乘方

我们熟悉的代数运算有4种：加、减、乘、除。不过，代数又被称为"具有7种运算的算术"，因为除了上述4种运算之外，还有乘方和其他两种逆运算。

接下来，我们就介绍一下乘方，我们将其称为"第五种运算"。需要说明一点，这一运算也是源自于实际生活，且应用范围很广。回想一下，计算面积、体积的时候，我们经常会用到2次方或3次方。在物理学中，万有引力、电磁作用和声、光的强弱，都跟距离有关：强度大小和距离的2次方成反比。在太阳系中，行星围绕太阳转动的周期的2次方，与它跟太阳之间间距的3次方成正比，卫星围绕行星转动时也是这样。

上面提到了2次方和3次方，生活中我们还可能会遇到更高次的乘方。比如，工程师在计算材料强度的时候，时常会用到4次方，而计算蒸汽管的直径则会用到6次方。在研究水流对石头的冲击力时，也会用到6次方。假设一条河的水流速度是另一条河的4倍，那么，水流速度快的河流对河床上石头的冲击力就是水流速度慢的河流的4^6=4096倍。

在研究灯泡钨丝的亮度和温度的关系时，我们会遇到更高次的乘方。这里有一个公式：当物体在白热状态时，总亮度增加的倍数是绝对温度（即从−273℃起算的温度）增加倍数的12次方倍；在炽热状态时，这一倍数可高达30次方。比如，物体的绝对温度从2000K升高到4000K，温度增加为原来的2倍，其亮度就会增加为原来的2^{12}=4096倍。在后面的章节中，我们会讲到这一理论对于制造灯泡的特别意义。

乘方带来的便利

第五种运算在天文学中的应用最为广泛，在研究宇宙的过程中，时常会用到巨大的数，也就是天文数字——它们只有一两位有效数字，后面跟着一大串的 0。

按照普通的记数方法，天文数字的书写和运算都很不方便。以地球到仙女座星云的距离为例，用普通的方法来写，应该是 95000000000000000000 千米，这个数的单位是"千米"，可在天文计算中经常要换算成厘米，这就需要在上面的数字后再加上 5 个 0，即 9500000000000000000000000。这个数字非常大，但恒星的质量比这个数还要大很多。例如，用克来表示太阳的质量，就是：

1 983 000 000 000 000 000 000 000 000 000 000

显然，用这种记数方法来进行运算，很容易弄错后面的 0 的个数。更何况，很多时候遇到的数字比这些还要大很多。

此时，第五种运算的优越性就体现出来了。我们知道，对于 1 后面跟着一些 0 的数，通常可以用 10 的若干次方来表示，比如 $10=10^1$，$100=10^2$，$1000=10^3$，$10000=10^4$，…按照这样的方式，前面提到的两个数字，就可以用这样的形式来表示：

$$95000000000000000000000000=95 \times 10^{23}$$

$$1983000000000000000000000000000000=1983 \times 10^{30}$$

这样一来，在进行计算时，不仅书写方便，运算也变得容易很多。比如，想用这两个数进行乘法运算，就可以写成下面的式子：

$$(95 \times 10^{23}) \times (1983 \times 10^{30}) = 95 \times 1983 \times 10^{(23+30)} = 188385 \times 10^{53}$$

如果不用乘方运算，这两个数相乘得到的数字后面，一共有 53 个 0。这样不仅书写起来很费劲，还可能会因为漏写 0 而发生错误。

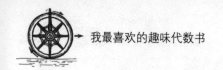
地球质量是空气质量的几倍

我们再来举一个例子，加深大家对乘方在"天文数字"运算中的作用的理解。比如，计算一下地球的质量相当于它周围空气质量的多少倍。

首先，地球表面每平方厘米所受到的空气压力大约是1千克，也就是说，地球表面每平方厘米支撑的空气柱的质量约等于1千克。这样的话，就可以将地球周围的空气视为是由多个这样的空气柱组成的。只要计算出地球的表面积，就能得出有多少个这样的空气柱，从而得到地球周围空气的总质量。

通过查阅资料，可知地球的表面积大约是51000万平方千米，即 51×10^7 平方千米。我们知道，1千米等于1000米，1米等于100厘米，那么1千米就等于 10^5 厘米1平方千米就等于 $(10^5)^2 = 10^{10}$ 平方厘米。由此，可知地球的表面积为：

$$51 \times 10^7 \times 10^{10} = 51 \times 10^{17} （平方厘米）$$

这个数值就是地球周围空气的质量，单位是千克，如果换算成吨，就是：

$$51 \times 10^{17} \div 10^3 = 51 \times 10^{14} （吨）$$

而地球的质量约为 6×10^{21} 吨。

两个数的比值是：

$$6 \times 10^{21} \div (51 \times 10^{14}) \approx 10^6$$

也就是说，地球的质量是它周围空气质量的一百万倍。换句话说，地球周围空气的质量，只有地球质量的百万分之一。

没有火焰和热也可以燃烧

众所周知，木头或煤炭只有在温度较高的情况下才能燃烧。化学家告诉我们，这是因为碳元素和氧元素发生了化合反应。事实上，这种化合反应在任何温度下都能进行，只是在常温下进行得比较慢而已，以至于我们根本观察不到。化学反应定律说：温度每降低 10℃，反应速度就会减缓 $\frac{1}{2}$。

根据这一定律，我们可以研究一下木头和氧气发生化合反应的过程。假设当火焰的温度为 600℃时，烧掉 1 克木头需要花费 1 秒钟。那么，当温度为 20℃时，烧掉同样重量的木头需要多少秒呢？

温度从 600℃降低到 20℃，下降了 580℃，也就是下降了 10℃的 58 倍，因此反应速度就是原来的 $\left(\frac{1}{2}\right)^{58}$，即烧掉这 1 克木头需要 2^{58} 秒。

这段时间到底是多久呢？其实，不用真的把这个数计算出来，我们可以粗略地估算一下。

$$2^{10}=1024 \approx 10^3$$

所以

$$2^{58}=2^{60-2}=2^{60} \div 2^2 = \frac{1}{4} \times 2^{60}= \frac{1}{4} \times (2^{10})^{6} \approx \frac{1}{4} \times 10^{18}$$

一年的时间大概是 3000 万秒，也就是 3×10^7 秒，所以

$$\frac{1}{4} \times 10^{18} \div (3 \times 10^7) = \frac{1}{12} \times 10^{11} \approx 10^{10}（秒）$$

答案就是 100 亿年！就是说，当温度为 20℃时，要烧掉 1 克木头需要 100 亿年的时间。如此慢的反应速度，我们自然是感觉不到的。可如果采用取火工具，就能把这个缓慢的过程加快上万倍，乃至更多。

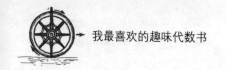

天气变化的概率

【题目】假设我们讨论天气的时候，只能用有云或没云来区分，也就是只有阴天和晴天两种情况，那么，你认为会在多长的时间内，天气变化情况完全不重复？

粗略地估计一下，这个数值应该不会太大，最多是两个月，所有的晴天和阴天的组合应该都有了。在后面的时间里，这些组合中总有一个会重复出现。

那么，真实的情况是这样吗？下面，我们就通过第五种数学运算来计算一下，看看在这种分类方法下，究竟有多少种不同的组合。

【解答】首先，在一周之内有多少种不同的阴晴组合形式呢？

第一天可能是晴天，也可能是阴天，即存在两种可能；第二天也一样，同样存在两种可能。因此，前两天共有 2^2 种可能的组合，即：

两天都是晴天；两天都是阴天；第一天阴天，第二天晴天；第一天晴天，第二天阴天。

那么，前三天呢？由于第三天也有2种组合，因此，跟前两天所有可能的组合结合起来，前三天所有可能的天气变化组合数就是：$2^2 \times 2 = 2^3$。以此类推，前四天所有可能的天气变化组合数为：$2^3 \times 2 = 2^4$；前五天共有 2^5 种组合；前六天共有 2^6 种组合；一个星期共有 2^7 种组合，也就是128种。

即最多经过连续128周，天气变化情况会完全不同。在128周之后，总会有128种组合中的一种再次出现。当然，也可能在128周之前就已经出现了重复的情况，这里的128周只是一个最长的期限，超过这个期限，重复必然会发生。不过，也有可能在这128周中完全没有重复的情形，但概率非常小。

破解密码

【题目】某个单位的保险柜的密码被遗忘了，只有钥匙而没有密码，根本没办法将其打开。保险柜的门上有一个密码锁，由5个带字母的圆环组成，每个圆环上有36个字母，只有把这5个圆环上的字母组成一个单词，才能解锁。想打开这个密码锁而不破坏保险柜，必须把圆环上所有的字母组合都尝试一遍，假设每尝试一个组合要用3秒钟，倘若计划用10个工作日把保险柜的锁打开，能够做到吗？

【解答】我们先来计算一下，这些字母所有可能的组合共有多少种。

先看2个圆环的情况。每个圆环上都有36个字母，从这2个圆环上各取一个字母，所有可能的组合情况是：

$$36 \times 36 = 36^2 （种）$$

上面的任一种都能跟第3个圆环上的任一个字母搭配，得到所有可能的组合情况有：

$$36^2 \times 36 = 36^3 （种）$$

以此类推，4个圆环所有可能的组合是36^4种，5个圆环所有可能的组合是$36^5 = 60466176$种。由于尝试每个组合需要的时间是3秒钟，要把所有的组合都试一遍，需要的时间是：

$$3 \times 60466176 = 181398528 （秒）$$

将上面的数换算成小时，就是：

$$181398528 \div 3600 \approx 50388 （小时）$$

如果每天工作8小时，大概需要

$$50388 \div 8 \approx 6300 （天）$$

差不多是20年。

所以，想用10个工作日打开这个密码锁，概率只有$\frac{10}{6300}$，也就是$\frac{1}{630}$，太渺茫了。

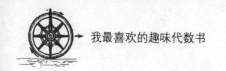

碰上"倒霉号"的概率

【题目】有一个迷信的人买了一辆自行车,他很忌讳数字"8",生怕自己的自行车牌里出现"8"这个倒霉的数字。他一直盘算着,车牌上所有的数字都包含在0,1,2,…,9这10个数字当中。在这些数字中,只有一个是"8",所以,碰上"倒霉数"的可能性只有$\frac{1}{10}$。试问:他的想法对吗?

【解答】自行车牌的号码共有6位数,每位都有0,1,2,…,9这10种可能,也就是10^6种组合,除去000000不能作为车牌号以外,剩下的号码共有999999个,即:

000001,000002,…,999999

现在计算一下,共有多少个"幸运号",也就是不带"8"的号。第一位数字可能是除了"8"以外的9个数字中的任何一个,即0,1,2,3,4,5,6,7,9;第二位数字也是一样。所以,前两位数共有9×9=9^2种"幸运数"组合。如果再加上一位数,由于新加上的这个数也有9种可能,所以前三位的"幸运数"有9×9^2=9^3种组合。

以此类推,6位车牌号所有可能的"幸运号"个数是9^6个。这些号码中包含了000000,它不能作为自行车的车牌号码。所以,所有的"幸运号"共有9^6-1=531440个。在上面的999999个数中,这些"幸运号"所占的比例只比53%多一些,而"倒霉号"所占的比例将近47%,远远高于他所认为的10%。

如果车牌号不是6位,而是7位,那么,在所有的车牌号码中,"倒霉号"的数量可能会比"幸运号"的数量还多,这一点读者可以自己试着证明。

用 2 累乘的惊人结果

用2累乘一个很小的数，累乘的次数无须太多，就能把这个数变得特别大。下面，我给大家举一个不太常见的例子。

【题目】草履虫每隔一定的时间，就会从一个分裂成两个，这个时间大约是27小时。假设通过这种方法分裂出来的草履虫都能存活，试问，大概需要多长时间，一只草履虫分裂出来的所有后代的体积才能跟太阳的体积一样大？

假设每次分裂的后代都能存活，已知一只草履虫分裂40代之后，其所有子孙所占的体积大约是1立方米，而太阳的体积大约是10^{27}立方米。

【解答】根据已知条件，这个题目可转化为：用2累乘1立方米，要累乘多少次，才可以得到10^{27}立方米？

我们知道，$2^{10} \approx 1000$，所以10^{27}可以表示成下面的式子：

$$10^{27} = (10^3)^9 \approx (2^{10})^9 = 2^{90}$$

也就是说，在分裂40代的基础上，只要再分裂90代，就能达到太阳的体积那么大。如果从第一代开始算起，要分裂40+90=130代才能达到太阳那么大的体积。我们很容易计算出，分裂到130代大概需要147天：

$$27 \times 130 = 3510（小时）$$

$$3510 \div 24 = 146.25（天）\approx 147（天）$$

据说，曾经有一位微生物学家，从草履虫第一次分裂开始观察，一直观察到它分裂了8061次。感兴趣的读者可以自己计算一下，如果这些草履虫都存活了，经过这么多次的分裂后，其后代所占的体积是多少？

对于这个问题，我们还可以这样说：假设太阳也进行分裂，第一次分裂成2个，每一半又分裂成2个，并一直分裂下

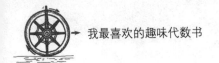

去。那么，经过多少次分裂之后，最终形成的粒子会跟草履虫的体积一样大？

答案还是130次。你可能会觉得不可思议，怎么才这么少的次数？这是真的吗？

当然是真的。类似的问题还有很多，比如，把一张纸对半剪开，剪出来的半张纸再对半剪开，如此类推。假设

可以一直剪下去，那么，剪多少次之后，得到的粒子跟原子一样大？

假设一张纸的质量是1克，原子的质量我们取 $\frac{1}{10^{24}}$ 克这个数量级。

因为

$$10^{24}=(10^3)^8 \approx (2^{10})^8 = 2^{80}$$

所以，一共要剪80次。很多人以为要剪几百万次，但其实根本没那么多。

快 100 万倍的触发器

有一种电子装置叫做触发器，主要由两个电子管组成，就跟收音机里的电子管差不多。通过触发器的电流必定会通过其中的一个电子管，可能是左边的，也可能是右边的。触发器里有两个接触点，用来输出触发器的回答脉冲。在外面输入脉冲的瞬间，触发器就会立刻进行"翻转"，此时，原来导通的电子管变成闭合状态，电流转而进入另一个电子管。当右边电子管闭合、左边电子管导通的时候，触发器就会瞬间输出回答脉冲。

现在，我们给触发器连续不断地输入几个电脉冲，看看它是如何工作的。我们可根据右边的电子管来确定触发器所处的状态：当右边的电子管闭合，我们规定触发器处于"0状态"；当右边的电子管导通，我们规定它处于"1状态"。

假设触发器的初始状态是"0状态"，也就是左边电子管导通，如图1所示。输入第一个脉冲后，右边闭合的电子管变成导通状态，即触发器翻转成"1状态"。此时，触发器不输出回答脉冲，因为只有右边的电子管处于导通状态时，才输出回答脉冲。

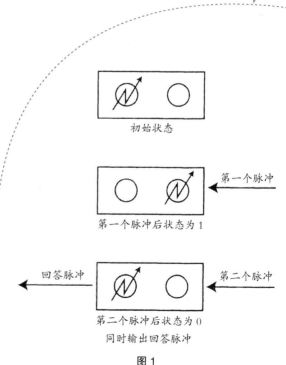

初始状态

第一个脉冲
第一个脉冲后状态为 1

回答脉冲
第二个脉冲
第二个脉冲后状态为 0
同时输出回答脉冲

图 1

接着输入第二个脉冲。这时，左边的电子管变成导通状态，触发器又翻转到"0状态"，此时触发器输出回答脉冲。在输入两个脉冲之后，触发器又回到初始状态。所以，继续输入第三个脉冲后，触发器处于"1状态"；输入第四个脉冲后，触发器又处于"0状态"，并输出回答脉冲，依次不停地循环下去，即每输入两个脉冲，触发器的状态就会重复一次。

假设现在有很多个这样的触发器，给第一个触发器输入脉冲信号后，把它输出的回答脉冲加到第二个触发器上，第二个触发器的回答脉冲再加到第三个触发器上，以此类推。如图2所示，把它们顺次连接起来。现在，我们来看看这些触发器会如何工作。

假设共有5个触发器，初始状态都是"0"。这样的话，我们就能把它们的初始状态记为"00000"。输入第一个脉冲后，最右边的那个触发器就会转变成"1状态"，由于此时并没有输出回答脉冲，所以后面的4个触发器依然处于"0状态"，也就是说，现在的状态是"00001"。接着，我们输入第二个脉冲，此时最右边的触发器会变成"0状态"，并输出回答脉冲加到第二个触发器上，使第二个触发器变成"1状态"，而其他触发器依然处于"0状态"，所以，现在的状态变成了"00010"。接着，再输入第三个脉冲，此时，第一个触发器又会发生翻转，但不输出回答脉冲，所以其他的触发器状态都不会变化，这样的话，总体状态就是"00011"。接着，输入第四个脉冲，第一个触发器继续翻转并输出回答脉冲，这个回答脉冲会促使第二个触发器发生翻转并输出回答脉冲，从第二个触发器输出的回答脉冲使得第三个触发器发生翻转，所以，此时的状态就

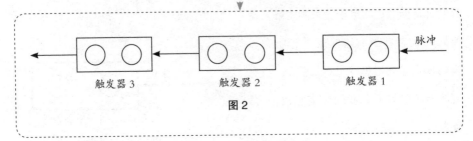

触发器3　　　　　触发器2　　　　　触发器1

图2

变成了"00100"。

这样一直进行下去，我们就会得到下面的状态：

输入第1个脉冲后　00001

输入第2个脉冲后　00010

输入第3个脉冲后　00011

输入第4个脉冲后　00100

输入第5个脉冲后　00101

输入第6个脉冲后　00110

输入第7个脉冲后　00111

输入第8个脉冲后　01000

……

可见，这些连接起来的触发器，可以对输入的脉冲进行"计数"，并以一种特殊的"计数"方法来表示这些脉冲信号。通过观察会发现，这种"记录"脉冲信号次数的方法，就是二进制计数法。

在二进制中，用"0"和"1"表示所有的数。与十进制不同，二进制后面一位上的1是前面一位上的1的两倍，而非10倍。二进制数转化成十进制数时，先从右至左用二进制的每个数分别乘以2的相应次方数，即2^0，2^1，2^2，…再把所得的数相加即可。比如，二进制数"10011"转化为十进制数为1×2^0 $+1 \times 2^1 + 0 \times 2^2 + 0 \times 2^3 + 1 \times 2^4 = 19$。

连接起来的触发器，就是用这种方式对输入信号进行计数并记录的。需要注意的是，触发器每翻转一次，也就是每输入一个脉冲信号，大概只需要一亿分之几秒的时间。现代计数触发器在1秒钟的时间里，可以"计算"1000多万个脉冲。就算我们的眼睛能够辨别得很快，也大概需要0.1秒才能识别出这个变换的信号。所以，跟人相比，触发器快了差不多100万倍。

倘若把20个触发器按照上述方式连接起来，也就是说，这一串触发器能用20位的二进制来表示输入的脉冲信号，那么，它可以"计数"到$2^{20}-1$，这个数比100万还要大。如果是64个触发器连在一起，则可以用它来"计数"著名的"象棋数字"，也就是2^{64}了。

用触发器能在1秒钟的时间里"计数"几百万个信号，这在核物理研究中具有非常重要的意义。例如，原子在裂变时会释放出大量的粒子，这个数目非常大，就可以用这一方法来计数。

计算机的计算原理

我们还能利用触发器进行数的运算。下面，我们就来看看，它是怎样实现两个数相加的。

如图3所示，把3排触发器按照图中的样子连起来。第一排触发器用来记被加数，第二排用来记加数，最后一排记前两排加起来的和。当上面两排触发器的状态为"1"时，会向第三排的触发器输出脉冲信号。

从图中可见，上面两排触发器分别记着二进制数101和111。最后一排的第一个触发器从上面两排的第一个触发

器各得到一个脉冲信号，即共得到两个脉冲信号。根据前面的分析，此时最下面的第一个触发器依然处于"0状态"，同时会给第二个触发器发送一个回答脉冲。另外，第二个触发器会从第二个二进制数那里得到一个脉冲信号。也就是说，这个触发器共得到了两个脉冲信号。因此，该触发器也处于"0状态"，且它还会向第三个触发器发送一个回答脉冲。除了得到这个回答脉冲之外，第三个触发器还从上面的两个触发器中得到了两个脉冲，即该触发器共得

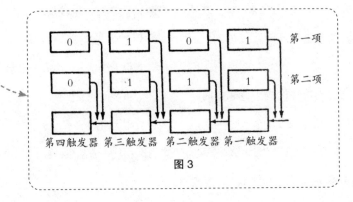

第一项
第二项

第四触发器　第三触发器　第二触发器　第一触发器

图3

到3个信号，结果变成"1状态"，同时输出一个回答脉冲。第四个触发器得到了这个回答脉冲，且再没有其他脉冲信号输入，因此第四个触发器的状态为"1"。上述过程实现了两个二进制数的加法运算，即：

$$
\begin{array}{r}
101 \\
+111 \\
\hline
1100
\end{array}
$$

如果换算成十进制的数，就是5+7=12。在图—3中，最下面的一排触发器输出的回答脉冲，相当于我们在用"竖式"进行加法运算时的进位。如果每排触发器不是4个，而是20个或更多，我们就能进行百万乃至千万级的数的加法运算。

需要说明的是，借助触发器进行加法运算的实际装置，比图中的情况稍微复杂一些。在实际的装置中，我们还要考虑信号的"延迟"问题，通过一些装置来实现这个功能。具体来说，在图—3中，在接通装置的瞬间，上面两排触发器输出的脉冲同时加在最后一排的第一个触发器上，两个信号很容易混合在一起，被误认为接收到的只有一个信号。为了避免这种情况的发生，就要让上面

的两个信号先后到达，即后一个信号要比前一个信号"延迟"一些。如果加上这一延迟装置，两个数相加的时候，就会比触发器单纯计数花费的时间多一些。

稍微修改一下上面的设计方案，就能进行减法运算，甚至是乘法运算和除法运算。其实，乘法运算就是连续的加法运算，因此，花费的时间就比加法运算多很多。

上述过程就是现代计算机的计算原理，计算机运用这一装置，每秒钟可以运算1万甚至10万多次，未来每秒运算速度甚至能达到上百万次、上亿次。

你可能会觉得，这么快的运算速度有什么用呢？在很多人看来，要计算一个15位数的平方，用$\frac{1}{1000}$秒的时间来计算，跟用$\frac{1}{4}$秒的时间来计算，似乎也没什么差别，都是一瞬间而已。

其实不然。我们可以来看一个例子：一个非常优秀的象棋选手，在下每一步棋的时候，落子之前都会思考几十甚至上百种可能的情况。假设他考虑一种情况需要花费几秒钟，上百个方案就

需要花费几分钟甚至几十分钟。这样的话，在复杂的棋局中，棋手就会感觉时间不够用，因为思考的时间占据了整个比赛所规定的大部分时间，导致最后只能匆忙落子。如果把分析走棋方案的工作交给计算机来做，会怎么样呢？计算机每秒钟能进行上万次运算，它分析完所有的走棋方案只需要一瞬间，自然不会出现时间不够用的情况。

你可能会说，计算是计算，下棋是下棋，毕竟不同。棋手下棋的时候，不是在计算，而是在思考，计算机怎么可能会下棋呢？你不必疑惑，我们会在后面的章节中详细分析此问题。

共有多少种可能的国际象棋棋局

在本节中，我们粗略地计算一下，在国际象棋的棋盘上，共可能出现多少种不同的棋局。这里只是想让大家知道，这个数目究竟有多大，非常精确的计算没什么意义，所以我们只是估算。有本书叫作《游戏的数学和数学的游戏》，里面有这样一段文字：

由于白方的每个卒都能向前走1个格或2个格，共有8个卒，16种走法。2个马分别有2种走法，共有4种走法。所以，白方的第一步共有16+4=20种走法。同样，黑方的第一步也有20种走法。白、黑两方各走第一步之后，会出现20×20=400种不同的棋局。

走了第一步之后，后面的走法就更多了。比如，如果白子第一步走的是$e2-e4$，那么，第二步就有29种走法。再走第三步，可能走法还会更多。以王后为例，假设它本来在$d5$格中，且它所有的出路均为空格，那么它可能的走法就有27种。不过，为了计算更简单，我们不妨取它们的平均数：

在双方的前5步中，假设每步的走法都是20种，在以后的每一步中，假设每步的走法是30种。另外，假设双方在比赛中各走了40步。这样，我们就能计算出，在这盘比赛中，所有可能的棋局数目是：

$$(20 \times 20)^5 \times (30 \times 30)^{35}$$

要求出上式的近似值，我们可以对上式进行一些变形：

$$(20 \times 20)^5 \times (30 \times 30)^{35} = 2^{10} \times 3^{70} \times 10^{80} \approx 10^3 \times 3^{70} \times 10^{80} = 10^{83} \times 3^{70}$$

上式中，用20^{10}代替10^3，是因为$20^{10} \approx 1000 = 10^3$。

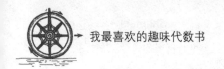

对3^{70}可以进行下面的近似：

$$3^{70}=3^{68} \times 3^2 \approx 10 \times \left(3^4\right)^{17} \approx 10 \times 80^{17}$$

$$=10 \times 8^{17} \times 10^{17}=2^{51} \times 10^{18}$$

$$=2 \times \left(2^{10}\right)^5 \times 10^{18} \approx 2 \times 10^{15} \times 10^{18}$$

$$=2 \times 10^{33}$$

于是，有：

$$(20 \times 20)^5 \times \left(30 \times 30\right)^{35} \approx 10^{83} \times 2 \times 10^{33}=2 \times 10^{116}$$

传说中，奖给象棋发明者的麦粒数是（$2^{64}-1$），这个数大概是18×10^{18}，象棋的棋局数比这个数大很多。假如地球上所有人每天24小时都在下棋，假设每走一步需要1秒钟，那么，想把这些棋局全部实现，大概需要10^{100}个世纪！

自动下棋机中隐藏的秘密

出现可以自动下棋的机器，你肯定觉得很神奇。棋子在棋盘上的不同组合有很多，甚至可以说是无限多个。倘若告诉你，历史上曾经出现过可以自动下棋的机器，你一定觉得不可思议：怎么可能制造出这样的机器呢？

事实上，这不过是人们的美好愿望罢了，并不是真的出现过自动下棋的机器。匈牙利有一个叫沃里弗兰克·冯·坎别林的机械师，因为发明了一种能够自动下棋的机器而声名远扬。据说，他曾经在皇宫里展示过这一机器，继而又在巴黎和伦敦进行过公开的展览，甚至连拿破仑都想跟这台机器较量，并坚信自己能够取胜。在19世纪，这台机器被带到了美国，不幸在费城的一次大火中被烧毁。

据说，当时还出现过一些其他的自动下棋机，只是不如上面介绍的那台那么有名。不过，人们并未因此灰心，而是一直致力于发明一种能够进行有效运算的机器。其实，那时候发明的这类机器，都无法真正实现自动运算。很多时候，在机器的内部藏着一位棋手，他不停地移动棋子。虽然这种机器看起来很逼真，但其实它们只不过是内部空间很大，且装着一些复杂机械零件的箱子而已。箱子里装着棋盘和棋子，棋子的移动通过一个木偶的手来完成。在下棋之前给我们展示时，箱子里只有一些机器零件，其实它的内部空间很大，完全能够装下一个个子较小的人。

著名的棋手约翰·阿尔盖勒和威廉·刘易斯都曾经饰演过这个角色。当展示箱子的一部分时，藏在里面的人就偷偷地向其他位置移动。所以，这个箱子里面的机械只是道具而已，在下棋的时候，它们并未真的发挥作用。

综上所述，我们能够得出一个结论：棋子间的组合不计其数，并不存在真正的自动下棋机，那些所谓的机器不过是某些机械师骗人的伎俩而已。所以，没有必要对这种所谓的自动下棋机感到恐惧或不可思议。

随着科技的发展，现在我们已经制造出了这种可以自动下棋的机器，这就是计算机，它能在1秒钟的时间里运算几千次，甚至更多。前面我们提到过这种机器，那么，它到底是怎样工作的呢？

其实，计算机所有的工作都建立在运算的基础上，除此以外它什么都不会。但是，我们可以事先编一些程序，让计算机按照一定的步骤进行运算。

数学家就是根据下棋的一些战术来编写程序的。这些战术都是根据走棋的规则制定的，依照这些规则，每个棋子对应的每个位置都有唯一的最佳路线。左边的表格就是一种下棋的战术，其中对每个棋子都规定了一定的分值。

国王	+200 分
王后	+9 分
车	+5 分
象	+3 分
马	+3 分
卒	+1 分
落后卒	−0.5 分
被困卒	−0.5 分
并卒	−0.5 分

另外，在编写程序时，还按照一定的原则来衡量棋子所处位置的优劣。比如，棋子在中间还是边上，棋子的灵活度如何，等等。位置的优劣也占有一定的分值，通常来说，这个分值不到1分。最后，把白方和黑方的总分相减，所得的差就代表了双方棋局上的优劣。如果是正的，就代表白方占优；如果是负的，则代表黑方占优。

计算机在计算时，通常只计算三步之内的差数，且会判断怎样让这个差数的改变值最大，从而在这三步的所有组合中选择一个最优的方案，并在卡片上打印出来，这就算走完了一步。计算机的运算速度很快，根本不会出现时间不够用的现象。

如果一个机器只能"想出"后面紧跟着的三步棋，它并不能算是一个好的"棋手"。不过，随着计算机技术的发展，计算机"下棋"的技术一定会越来越好。我们在这里不可能详细地描述这类下棋的程序，在下一章中，我们会介绍几个比较简单的运算程序。

用3个2写一个最大的数

【题目】大家肯定都知道如何用3个数写出一个尽可能大的数来。比如，给出3个9，可以写成这样的形式：9^{9^9}，所得的数就是9的第三级"超乘方"。

那么，这个数到底有多大呢？可以说，根本找不到一个东西来帮我们理解这个数字到底有多大。就算是把宇宙中所有的电子加起来，得到的数字都无法跟这个数相提并论。

下面，我们来看这样一个问题：不使用运算符号，把3个2摆成尽可能大的数。

【解答】有了前面3个9的例子，很多读者第一个想到的肯定是这样的摆法：2^{2^2}，实际上，得到的结果可能会让你失望，因为它其实并不大，甚至比222还要小很多，它是2^4，也就是16。想要用3个2摆成一个最大的数，这个数不是222，也不是$22^2=484$，而是$2^{22}=4194304$。

这个例子很有意思，它说明一个道理：如果用类推法去解决数学问题，很有可能会得到错误的推断。

用3个3写一个最大的数

【题目】有过前面的经验，在计算下面这道题时，很多读者会觉得并不难：不使用运算符号，把3个3摆成尽可能大的数。

【解答】如果还是用三级"超乘方"的方法来摆放，得到的数字不是最大的，因为，$3^{3^3}=3^{27}$。这个数比3^{33}要小，所以，3^{33}才是正确的答案。

3个4

【题目】不使用运算符号，把3个4摆成尽可能大的数。

【解答】如果按照3个3的经验来处理这个题目的话，那你就错了。

因为，4^{44}比三级"超乘方"4^{4^4}要小、因为$4^4=256$，所以，$4^{4^4}=4^{256}$，显然，它要大于4^{44}。

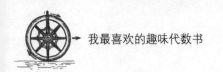

3个相同的数字排列的秘密

看过前面的几个例子，你可能会有这样的困惑：为什么有些数字用三层的摆法最大，有些数字却不是这样呢？下面，我们就来深入探讨一下这个问题。

我们先来看一般的情形，不使用运算符号，用3个相同的数摆出一个尽可能大的数。用字母a表示一个数，下面的摆法：

$$2^{22}, \ 3^{33}, \ 4^{44}$$

可以表示为：

$$a^{10a+a}=a^{11a}$$

a的三级"超乘方"则可以表示为：

$$a^{a^a}$$

问题的关键在于，当a取何值时，用三层摆法得到的数a^{a^a}比a^{11a}大。a^{a^a}与a^{11a}是以同一个数作为底的乘方，且又都是整数，所以只需要比较它们的指数就行了。指数大的，得到的数就大。因此，上面的问题就可以归结为，求解下面的不等式：

$$a^a>11a$$

不等式的两端都除以a，可得出：

$$a^{a-1}>11$$

通过代入法，可得：当$a>3$时，$a^{a-1}>11$成立。

比如，当$a=4$时，$4^{4-1}>11$显然是成立的，而3^{3-1}、2^{2-1}都比11小。

由此，可得出结论：当这个数为2或3的时候，用a^{11a}的形式摆出的数最大；当这个数大于等于4时，用三层摆法得到的数最大。

用4个1写一个最大的数

【题目】不使用运算符号，把4个1摆成尽可能大的数。

【解答】我们很容易会想到数字1111，但这个数不是正确的答案。

因为，11^{11} 比1111大多了。想亲手计算出这个数值，可以把11连续累乘10次，只要有足够的耐心。其实，还可以通过查阅对数表的方式得到这个数的近似值。实际上，这个数比2850亿还要大，也就是说，它比1111大25000万倍还要多。

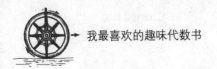

用 4 个 2 写一个最大的数

【题目】把上面的题目扩展一下，我们来看看4个2的情形。不使用运算符号，把4个2摆成尽可能大的数，该怎么摆放呢？

【解答】4个2所有可能的摆法一共有8种，即：

$$2222, \quad 222^2, \quad 22^{22}, \quad 2^{222}, \quad 22^{2^2}, \quad 2^{22^2}, \quad 2^{2^{22}}, \quad 2^{2^{2^2}}$$

这几个数中，到底哪个最大呢？

我们先来看看前4个数，也就是用两层摆法得到的数。显然，第一个数字2222，比后面的3个数都小。我们再比较一下2222后面的两个数，也就是222^2，22^{22}。

把22^{22}进行如下变换：$22^{22}=22^{2\times11}=\left(22^2\right)^{11}=484^{11}$

与222^2相比，484^{11}的底数和指数都要大得多，所以，$22^{22}>222^2$。

再比较一下22^{22}和第4个数2^{222}，我们取一个比22^{22}更大的数32^{22}，下面就来证明，即使是32^{22}，也比2^{222}小。

实际上，$32^{22}=\left(2^5\right)^{22}=2^{110}$，这个数也比$2^{222}$小很多。

所以，前4个数中，2^{222}最大。

再来看后面4个数：

$$22^{2^2}, \quad 2^{22^2}, \quad 2^{2^{22}}, \quad 2^{2^{2^2}}$$

显然，最后一个数等于216，它肯定不是最大的，直接淘汰掉。$22^{2^2}=22^4$，它小于$32^4=2^{20}$，即这个数比2^{22^2}和$2^{2^{22}}$都要小。所以，最后就变成了比较这3个数的大小：

$$2^{222}, \quad 2^{22^2}, \quad 2^{2^{22}}$$

这3个数都是以2为底的指数，所以，只要比较这3个指数——222、484和2^{22}的

大小即可，指数最大的对应的数就最大。

显然，2^{22}比222和484都要大。因此，用4个2摆成的最大的数是$2^{2^{22}}$。我们来估算一下这个数到底有多大。

$$2^{10} \approx 1000 = 10^3$$

$$2^{22} = \left(2^{10}\right)^2 \times 2^2 \approx 4 \times 10^6$$

所以，

$$2^{2^{22}} \approx 2^{4} \times 10^6 = \left(2^{10}\right)^{400000} \approx 10^{1200000}$$

这个数的位数，比100万还要大得多！

Chapter2

代数的语言

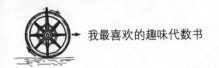

列方程的诀窍

方程，就是代数的语言。牛顿在《普遍的算术》一书中，曾经这样写道："如果一个问题的数量间存在着抽象关系，只需把通俗的语言转换成代数的语言，问题就解决了。"那么，该怎样进行转换呢？牛顿举了一些例子，其中有一个例子是这样的：

题目的语言	代数的语言
商人原来有一笔钱	x
第一年花掉了 100 英镑	$x-100$
然后补进去剩下钱数的 $\frac{1}{3}$	$(x-100)+\dfrac{x-100}{3}=\dfrac{4x-400}{3}$
第二年又花掉 100 英镑	$\dfrac{4x-400}{3}-100=\dfrac{4x-700}{3}$
然后又补进去剩下钱数的 $\frac{1}{3}$	$\dfrac{4x-700}{3}+\dfrac{4x-700}{9}=\dfrac{16x-2800}{9}$
第三年又花掉 100 英镑	$\dfrac{16x-2800}{9}-100=\dfrac{16x-3700}{9}$
再补进去剩下钱数的 $\frac{1}{3}$	$\dfrac{16x-3700}{9}+\dfrac{16x-3700}{27}=\dfrac{64x-14800}{27}$
最后得到的钱数刚好是原来的 2 倍	$\dfrac{64x-14800}{27}=2x$

通过求解方程，就能得出商人原来有多少钱。

通常情况下，求解方程并不难，最难的是如何根据题意列出方程。通过上述的式子，我们可以看到，列方程就是把普通的语言换成代数语言的过程，诀窍也在于此。通过变换，把普通的语言变成很简洁的代数语言，可是，题目中的语言一般都是日常用语，有一些日常用语想转换成代数语言并不容易。不同的情形下，这种转换的难度也不一样。通过下面的几个例子，读者朋友会有更深的体会。

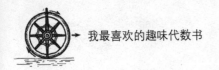

丢藩图的年龄

【题目】古希腊有一位叫丢藩图的数学家，他的生平无史料考证，现在我们所了解的他的生平资料，都是源自他的碑文，而这个碑文其实就是一道数学题。

题目的语言	代数的语言
路人啊，葬在这儿的人是丢藩图，通过下面的文字你可以得出他的寿命有多长。	x
在生命的前 $\frac{1}{6}$，他度过了幸福的童年	$\frac{x}{6}$
又过了人生的 $\frac{1}{12}$，他脸上长出了胡须	$\frac{x}{12}$
结婚后，他度过了 $\frac{1}{7}$ 时间的二人世界	$\frac{x}{7}$
又过了 5 年，他有了一个儿子	5
不幸的是，他的儿子只活了他寿命的一半	$\frac{x}{2}$
儿子去世后，老人郁郁寡欢地度过了 4 年，而后离世	4
现在你知道丢藩图的寿命了吗	$x = \frac{x}{6} + \frac{x}{12} + \frac{x}{7} + 5 + \frac{x}{2} + 4$

【解答】通过求解方程，可得出 $x=84$，且能够获悉丢藩图的以下信息：丢藩图 21 岁结婚，38 岁当父亲，80 岁时儿子不幸去世，他活到了 84 岁。

马和骡子分别驮了多少包裹

【题目】我们再来看一个古老的问题，这个问题并不复杂，很容易转换成代数的语言。

一匹马和一头骡子驮着沉重的包裹并排前行。马向骡子抱怨说："我背上的包裹太重了！"骡子说："如果把你背上的包裹给我一个，我背上的负担就是你的两倍了。要是把我背上的包裹拿给你一个，你背上的包裹也不过跟我一样重而已。你有什么好抱怨的？"

亲爱的读者，你能告诉我，马和骡子分别背了多少包裹吗？

【解答】我们先来把普通的语言转换成代数的语言，见下表。

这样，上述问题就转换成了一个二元一次方程组：

$$\begin{cases} y+1=2(x-1) \\ x+1=y-1 \end{cases}$$

即：

$$\begin{cases} 2x-y=3 \\ y-x=2 \end{cases}$$

得：

$$\begin{cases} x=5 \\ y=7 \end{cases}$$

题目的语言	代数的语言
如果把你背上的包裹给我一个	$x-1$
我背上的负担	$y+1$
是你的两倍	$y+1=2(x-1)$
如果把我背上的包裹拿给你一个	$y-1$
你背上的包裹	$x+1$
跟我一样重	$x+1=y-1$

也就是说，马背了5个包裹，骡子背了7个包裹。

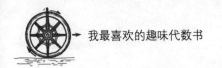

四兄弟分别有多少钱

【题目】兄弟四人共有45卢布。如果把老大的钱增加2卢布，老二的钱减少2卢布，老三的钱变成原来的2倍，老四的前变成原来的一半，他们手里的钱就一样多了。请问，他们原来分别有多少钱？

【解答】我们还是要把题目的语言转换成代数的语言，见下表。

题目的语言	代数的语言
兄弟四人共有 45 卢布	$x+y+z+t=45$
将老大的钱增加 2 卢布	$x+2$
老二的钱减少 2 卢布	$y-2$
老三的钱变成原来的 2 倍	$2z$
老四的钱变成原来的一半	$\dfrac{t}{2}$
他们手里的钱数一样多	$x+2=y-2=2z=\dfrac{t}{2}$

最后一个方程，拆分成三个方程，与第一个方程联立，得到方程组：

$$\begin{cases} x+2=y-2 \\ x+2=2z \\ x+2=\dfrac{t}{2} \\ x+y+z+t=45 \end{cases}$$

求得：

$$\begin{cases} x=8 \\ y=12 \\ z=5 \\ t=20 \end{cases}$$

兄弟四人原来的钱数分别是：老大8卢布，老二12卢布，老三5卢布，老四20卢布。

两只鸟的问题

【题目】河的两岸长着两棵棕榈树，它们隔岸相对。其中一棵树高30肘尺（古代的长度单位，大概等于肘关节到手指尖的长度），另一棵树的高度是20肘尺，两树之间相距50肘尺。在两棵棕榈树的树梢上，分别落着一只鸟。忽然间，两棵树之间的河面上出现了一条鱼，两只鸟都看到了这条鱼，并同时朝着这条鱼飞过去，最后同时到达了目标，如图4所示。

试问，这条鱼距离30肘尺高的棕榈树的树根有多远？

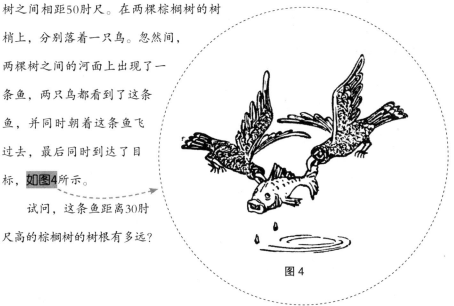

图4

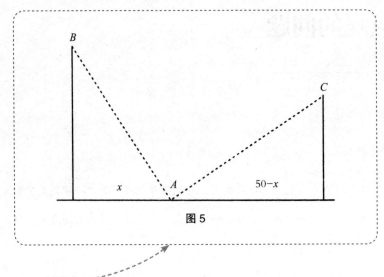

图5

【解答】如图5所示，根据勾股定理，可得出下列关系：

$$AB^2=30^2+x^2$$

$$AC^2=20^2+（50-x）^2$$

由于两只鸟飞到A处所用的时间相同，即可得到AB=AC（此处认为鸟的飞行速度无差别）。所以有：

$$30^2+x^2=20^2+（50-x）^2$$

简化后，可得：

$$100x=2000$$

即$x=20$。

也就是说，这条鱼距离30肘尺高的棕榈树的树根有20肘尺。

两家的距离

【题目】一位老医生约朋友到家里玩。

"好的，感谢您的邀请。我准备下午3点钟从家里出发，也请您那时候出门，我想，我们会半路上相遇的。"

"年轻人，我可是一个老头儿了，我1小时只能走3千米，而你1小时至少能走4千米。你能让我少走一些路吗？"

"没错，我1小时确实比您多走1千米，这样吧，我比您早出发一刻钟，也就是让您1千米，这样可以吗？"

"嗯，好的。"老医生同意了。

第二天，年轻人在下午2点45分时从家里出发，以4千米/小时的速度行走。老医生在下午3点钟准时出发，以3千米/小时的速度行走。一段时间后，他们在路上相遇了。之后，他们一起朝老人的家走去。

等年轻人回到自己家时，他计算了以下自己走过的距离，发现由于这一刻钟的差别，他走过的距离正好是老医生的4倍。

请问：这两家之间的距离有多远？

【解答】假设两家之间相距x千米，那么，年轻人走过的所有路程就是$2x$千米，而老人走过的路程只有年轻人的$\frac{1}{4}$，因此老人共走了$\frac{x}{2}$千米。

两人相遇时，老人走过的路程是他走过的总路程的一半，也就是$\frac{x}{4}$千米，而年轻人则走了$\frac{3x}{4}$千米。结合两人的速度可知，在相遇时，老人花费的时间是$\frac{x}{12}$小时，年轻人花费的时间是$\frac{3x}{16}$小时。另外，年轻人比老人提前一刻钟出门，因而年轻人多花了$\frac{1}{4}$小时的时间。所以，我们可得出下面的方程：

$$\frac{3x}{16}-\frac{x}{12}=\frac{1}{4}$$

求解方程，可得：

$$x=2.4$$

也就是说，年轻人和老医生两家相距2.4千米。

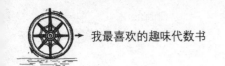

割草组共有多少人

【题目】一个割草组接到了一项任务，要把两块草地上的草割掉，其中大块草地的面积是小块草地面积的2倍。上午，割草组的所有人都在大块草地上割草；下午，他们对半分开，分别到两块草地上割草。到了晚上，大块草地上的草都割完了，小块草地上的草还剩下一小块，需要一个人花一天的时间才能割完。（图6）

图6

假设割草组所有的人割草速度都一样，请问，这个割草组共有多少人？

【解答】假设割草组的人数是x，此外还需要另一个辅助未知数，即每个人每天割草的面积数，可用y来表示。先用x和y表示出大块草地的面积。根据题意，在上午，x个人割草的面积是：

$$x \times \frac{1}{2} \times y = \frac{xy}{2}$$

下午，只有一半的人割剩下的草，即只有$\frac{x}{2}$个人割草，这些人割的草地面积是：

$$\frac{x}{2} \times \frac{1}{2} \times y = \frac{xy}{4}$$

所以，大块草地的面积是：

$$\frac{xy}{2} + \frac{xy}{4} = \frac{3xy}{4}$$

我们再来看如何用x和y来表示小块草地的面积。下午，$\frac{x}{2}$个人在这片草地上割了半天，那么，他们割的一共面积是：

$$\frac{x}{2} \times \frac{1}{2} \times y = \frac{xy}{4}$$

这时，还剩下一小片，其面积刚好是 y，也就是一个人在一天的时间里割草的面积。所以，小块草地的面积是：

$$\frac{xy}{4}+y=\frac{xy+4y}{4}$$

因为大块草地是小块草地面积的2倍，所以：

$$\frac{3xy}{4}=2\times\frac{xy+4y}{4}$$

化简后，可得：

$$\frac{3xy}{xy+4y}=2$$

约掉方程左边的辅助未知数 y，方程就变成了下面的形式：

$$\frac{3x}{x+4}=2$$

即：$3x=2x+8$

解得：$x=8$

也就是说，割草组一共有8个人。

在《趣味代数学》第一版出版后，我收到了A.B.齐格教授寄给我的一封信，他在信中谈到了这道题目，并认为这道题的意义在于，它不能算是一道代数题，而是一道简单的算术题，根本没必要用这种死板的公式来求解。

教授还说："关于这道题的来龙去脉，其实是这样的。我的叔叔伊·拉耶夫斯基和列夫·托尔斯泰是很好的朋友，以前我的父亲和叔叔一起在莫斯科大学数学系学习。当时的数学系课程中，根本没有关于教学法的内容，所以学生们就要到对口的城市公民中学实习，跟那些有经验的中学老师一起探讨教学方法。在他们的同学中，有一位叫彼得罗夫的人，他是一个很有天赋和创造力的人，可惜他身患肺痨，英年早逝。彼得罗夫提出过这样的观点：课堂上教的算术不是教会学生学习，而是毁了学生，因为过于僵化的教学模式会束缚学生的思维，让他们只能用固定的方法解决固定的问题。为了证明自己的观点，他甚至想出了很多题目。这道割草的题目就是其中之一。这些灵活多变的题目难住了那些'有经验的优秀的中学老师'。那些没有接受过刻板教学的学生，却很容易地解开了这些题目。对于那些有经验的优秀的老师来说，借助方程式或方程组，能够把这道题目解答出来，但是事实上只需要通过简单的算术计算，问题就解决了。"

接下来，我们就看看如何使用简单的算术方法解答这道题。

大块的草地需要全组的人割半天，再加上半组的人割半天，所以半组人在

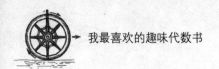

半天的时间里，共可以割这块草地的 $\frac{1}{3}$。所以，小块草地剩下的那块就是 $\frac{1}{2}-\frac{1}{3}=\frac{1}{6}$，而一个人一天刚好可以割完这部分。在一天中，全组人一共割草

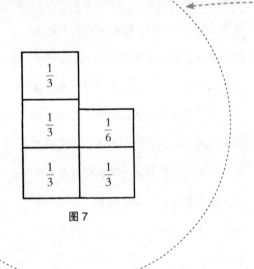

图7

的面积是：$\frac{6}{6}+\frac{1}{3}=\frac{8}{6}$。所以，割草组的总人数就是8人。

托尔斯泰很喜欢这类有变化但又不是太难的问题。当他听到这个题目时，提出该题目还可以通过图形来求解，如图7所示。那是最简单的图，也很容易让人理解。

下面再来看几道题目，这些题目都能用巧妙的方法来求解。

牛吃草的问题

【题目】牛顿在《普遍的算术》中写道："在科学的学习中，题目比规则要有用多了。"因此，当他阐述一些理论的时候，总是会结合实例来说明。在他所举的实例中，有一个关于牛在牧场上吃草的经典题目，下面介绍的题目就是从这个题目演化而来的：

"牧场上的草长得很均匀，每个地方都一样密，长得一样快。如果是70头牛在这片草地上吃草，24天就能把草吃完；如果是30头牛，则需要吃60天。现在的问题是，如果想让草地上的草吃96天，牧场上应该有多少头牛？（图8）"

这是契诃夫的著作《家庭教师》中出现的题目，老师让学生解答，学生的两个成年亲戚帮着他做，但是花费了很长时间也没有得出结果，他们感到很困惑。其中一个亲戚分析道："真是奇怪，如果70头牛花24天把牧场里的草吃完，那么要想在96天的时间里把草吃完，牛的数量就是70的$\frac{1}{4}$，也就是$17\frac{1}{4}$头牛。这显然是错的。再看后面，30头牛在60天的时间里把草全部吃完，那么，要在96天内把草吃完，就需要$18\frac{3}{4}$头牛，显然也是错的。另外，如果70头牛在24天内把草吃完的话，30头牛要吃完这片草只需要56天，可题目却说要60天。"

"你可能忘了一个问题，那就是草一直在生长着。"另外一个人说。

这个人说得没错，草一直在生长，

图8

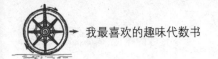

如果忽略了这一点，不仅解不出这道题，还会发现题目中给出的条件也是自相矛盾的。那么，要如何求解这道题呢？

【解答】这里我们需要用到一个辅助未知数，即每天长出的草和牧场上的草的总量的比值。假设每天长出的草是 y，在24天内长出的草就是 $24y$。假设牧场上的草的总量是1，那么24天内70头牛一共吃的草是：

$$1+24y$$

70头牛每天吃掉的草是：

$$\frac{1+24y}{24}$$

而一头牛在一天内吃掉的草就是：

$$\frac{1+24y}{24\times70}$$

同理，30头牛在60天内把牧场上的草吃完，那么一头牛在一天的时间里吃掉的草是：

$$\frac{1+60y}{60\times30}$$

由于每头牛每天吃的草应该是一样的，所以：

$$\frac{1+24y}{24\times70}=\frac{1+60y}{60\times30}$$

可得：$y=\frac{1}{480}$

这就是说，每天长出的草是整片牧场上的草的总量的 $\frac{1}{480}$。据此，我们能够计算出一头牛在一天当中吃掉的草占牧场上的草的总量的比率是：

$$\frac{1+24y}{24\times70}=\frac{1+24\times\frac{1}{480}}{24\times70}=\frac{1}{1600}$$

接下来，假设题目所求的牛的数量为 x，那么

$$\frac{1+96\times\frac{1}{480}}{96x}=\frac{1}{1600}$$

解得：$x=20$

因此，想在96天内把牧场上的草全部吃完，需要20头牛。

牛顿著作中的问题

前面的那个题目，是从牛顿原来的题目改编而来的。下面，我们就来看看牛顿著作中的那个题目。

【题目】有3个牧场，面积分别是$3\frac{1}{3}$公顷、10公顷、24公顷。这几个牧场上的草长得都一样密、一样快。在第一个牧场里饲养12头牛，里面的草能够吃4个星期；在第二个牧场里饲养21头牛，里面的草可以吃9个星期。那么，在第三个牧场里饲养多少头牛，里面的草刚好能够吃18个星期？

【解答】跟前面一样，我们在这里引入一个辅助未知数y，用来表示在1星期内每公顷牧场上新长出的草占原来草的总量的比重。首先，来看第一个牧场，在1星期内新长出的草是1公顷牧场上原有草总量的$3\frac{1}{3}y$倍，在4个星期里，新长出的就是1公顷牧场上原有草总量的$3\frac{1}{3}y \times 4 = \frac{40}{3}y$倍。

这就相当于第一个牧场的面积变大为（$3\frac{1}{3} + \frac{40}{3}y$）公顷，即牛在4个星期内吃掉了牧场上面积为（$3\frac{1}{3} + \frac{40}{3}y$）公顷的草。那么，这12头牛在1个星期内吃掉的草为上数的$\frac{1}{4}$，进而1头牛在1星期的时间内吃掉的草就是上数的$\frac{1}{48}$，即：

$$\frac{3\frac{1}{3} + \frac{40}{3}y}{48} = \frac{10 + 40y}{144}$$

这就是说，1头牛在1星期的时间内一共吃了$\frac{10 + 40y}{144}$公顷这么大面积的牧场上的草。

同理，可计算出在第二个牧场上1头牛在1星期的时间内，能吃掉多大面积的牧场上的草。

在1个星期里，1公顷牧场上长出的草是y；

在9个星期里，1公顷牧场上长出的草是$9y$；

在9个星期里，10公顷牧场上长出

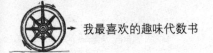

的草是90y。

所以，21头牛在9个星期内吃掉的草，相当于面积为（10+90y）公顷的牧场上的草，而1头牛在1个星期内吃的草为 $\frac{10+90y}{9 \times 21} = \frac{10+90y}{189}$ 公顷。

因为每头牛每个星期的吃草量是一样的，所以：

$$\frac{10+40y}{144} = \frac{10+90y}{189}$$

求出：$y = \frac{1}{12}$

有了这个数值，就能计算出1头牛在1个星期内的吃草量，即：

$$\frac{10+40y}{144} = \frac{10+40 \times \frac{1}{12}}{24 \times 70} = \frac{5}{54}$$

接下来，我们就能求出题目所求的量，假设第三个牧场上的牛的数量是x，则：

$$\frac{24+24 \times 18 \times \frac{1}{12}}{18x} = \frac{5}{54}$$

解得x=36，也就是说，在第三个牧场上饲养36头牛的话，里面的草刚好够吃18个星期。

时针和分针对调

【题目】相传，有一次爱因斯坦生病了，躺在床上很无聊，他的朋友莫西科夫斯基给他出了一道题，让他打发时间。那道题是这样的：

"有一只钟表，假设表针的初始位置是12点。此时，如果把钟表的长针和短针对调，它们指示的时间还是在合理范围内。但是，在有的时间上，比如6点钟，将表针对调的话，出现的时间就不对了，因为当时针指着12的时候，分针不会指着6。问题来了，当分针和时针分别在什么位置时，两针对调后所指的时间还是合理的？"

爱因斯坦听完后，回答说："对于病床上的人来说，这确实是一个很好的问题，很有趣，却又不简单。只是，我可能消磨不了多少时间，因为我马上就要计算出来了。"说完，他从床上坐了起来，在纸上画出一个草图。爱因斯坦

解答这个题目所花的时间，可能比我描述这个问题所用的时间还短。那么，他是如何解答的呢？

【解答】我们不妨把钟表的一周划分成相等的60份，并以每份为单位，用它来度量表针从12点开始走过的距离。

如图9所示，假设到达题目所求的位置时，时针从12点开始走过x个刻度，分针走过y个刻度。由于时针每12个小时走过60个刻度，所以它每小时走过5个刻度。那么，它走

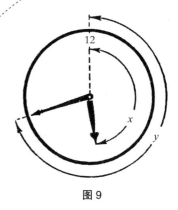

图9

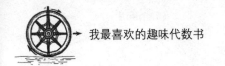

过x刻度所用的时间就是$\frac{x}{5}$小时，即钟表从12点开始走到所求的位置，花费了$\frac{x}{5}$小时。分针走过的刻度是y个，也就是y分钟，相当于$\frac{y}{60}$小时，即在$\frac{y}{60}$小时之前，分针从12点的位置经过。换句话说，两个指针在12点的位置重合之后，过去的整小时数是$\left(\frac{x}{5}-\frac{y}{60}\right)$。

$\left(\frac{x}{5}-\frac{y}{60}\right)$肯定是0到11之间的整数，因为该数表示在12点以后正好过去了几个小时。

倘若把两个指针对调，用同样的方法，我们能够计算出从12点开始到表针所指的时间过去的整小时数是$\left(\frac{y}{5}-\frac{x}{60}\right)$，该数也是一个从0到11的整数。

把两个方程联立，即：

$$\begin{cases} \dfrac{x}{5}-\dfrac{y}{60}=m \\ \dfrac{y}{5}-\dfrac{x}{60}=n \end{cases}$$

其中，m和n都是从0到11的整数，解这个方程组，可得：

$$\begin{cases} x=\dfrac{60\,(12m+n)}{143} \\ y=\dfrac{60\,(12n+m)}{143} \end{cases}$$

如果用0到11中的每个整数来代m和

n，就能得到题目所求的两个表针所指的所有位置。由于m和n都有12个数，它们的组合就有144个，所以看起来该方程似乎有144个解。但实际上，只有143个，因为当$m=n=0$和$m=n=11$的时候，它们所表示的是同一个时间，也就是12点。

在此，我们不逐一讨论，只举两个例子来看：

例1：当$m=n=1$时，

$$x=\frac{60\times 13}{143}=5\frac{5}{11},\ y=5\frac{5}{11}$$

即，当表针所指的时间是1点$5\frac{5}{11}$分时，两个指针是重合的，它们当然可以进行对调。实际上，只要是两指针重合的时刻，二者都能够进行对调。

例2：当$m=8$，$n=5$时，

$$x=\frac{60\times(5+12\times 8)}{143}\approx 42.38,$$
$$y=\frac{60\times(8+12\times 5)}{143}\approx 28.53$$

此时对调前后的时间分别是8点28分53秒和5点42分38秒。

根据前面的分析，这道题一共有143个解，我们可以把钟表的圆周分成均等的143份，这样就得到了这143个点。在这些点上，时针和分针可以对调，而在其他的点上，就不能进行对调。

时针和分针重合

【题目】一只正常走动的表的时针与分针，在12小时内，重合的点有多少个？

【解答】由上一个问题的分析可知，当时针与分针重合时，它们可进行对调，且对调后的时间没有任何变化。在这里，我们依然可以借用上一题的原理来求解。两个指针重合，说明从12点开始，它们走过的刻度是一样的，即 $x=y$。这样，我们就得到了下列方程组：

$$\begin{cases} x=y \\ \dfrac{x}{5} - \dfrac{y}{60} = m \end{cases}$$

其中，m 也是从0到11的整数。解这个方程，可得出：

$$x = \frac{60m}{11}$$

把 m 的12个可能的值代入上面的式子，可得出题目的答案。不过，需要说明的是，由于 $m=0$ 和 $m=12$ 时，指针都指向12点的位置，因此我们只能得到11个重合点，而不是12个。

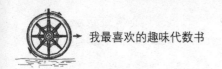

猜数游戏中的秘密

很多读者都玩过猜数的游戏。在这种游戏中，出题人通常会让你事先想好一个数，然后进行一些类似下面的运算：加上2，乘以3，减去5，再减去你刚才想的那个数……进行5步到10步的运算后，他会问你计算的结果，然后，他会立刻告诉你你事先想好的是哪个数。

这种游戏看似神秘，但其实很简单，它的原理就是解方程。比如，出题人会让你进行下列表格中的运算。

事先想好一个数	x
加上2	$x+2$
乘以3	$3x+6$
减去5	$3x+1$
减去你事先想好的数	$2x+1$
乘以2	$4x+2$
减去1	$4x+1$

当你告诉出题人结果的时候，他会立刻说出你事先想好的那个数，他是如何知道的呢？

其实，方法很简单。看到前面表格中的右边一栏就知道了，出题人事先会把你进行的那些运算转换成代数语言。假如，你事先想好的数是x，那么经过上述所有运算得到的结果就是（$4x+1$）。

比如，你告诉他的结果是33，出题人就会在心里通过求解方程$4x+1=33$，得出$x=8$。同理，当你告诉他其他结果时，他也会用同样的方法来得出答案。所以，这个游戏其实很简单，出题人事先已经想好如何根据你给他的结果计算出你事先想好的那个数。

弄清楚这一点，我们还可以对题目进行改进，以便让做游戏的人感到题目更有趣，也更有难度。比如，你让做游戏的人自己决定采取什么样的运算。你让他事先想好一个数，然后任意地进行运算（最好不要用除法，这样会让游戏变得复杂）：加上或减去某个数，比如加2减5等；再乘以某个数，比如乘2或乘3等，然后再加上或减去事先想好的那个数……为了把你搞晕，他肯定会做很多步运算。举个例子来说，假设他事先想好的数是5，然后他说：

"我先把它乘以2，再加上3，再加上我刚才想的那个数；然后加上1，乘以2，减去刚才想的那个数，再减3，再减去刚才想的那个数，再减去2，最后，我把上面的运算结果乘以2，又加上3。"说了这么多，他肯定以为你糊涂了，所以很得意地告诉你："最后计算出的结果是49。请问，我事先想好的那个数是多少？"

当你立刻告诉他那个数是5的时候，他肯定惊讶得下巴都快掉下来了。通过前面的分析，你肯定知道过程是怎样的。当他说想好一个数的时候，你就假定这个数是x，在他进行运算的时候，你默默地把他说的话转变成代数的语言。比如，当他说"乘以2"的时候，你就把这句话转变成$2x$；当他说

"加上3"的时候，你就把这句话转变成（$2x+3$），等等。当他把这些运算说完的时候，他以为你已经懵了。其实，你已经得到了一个含有x的算式，而中间所进行的运算，你一个也没有少，如下表所示：

我想好了一个数	x
把它乘以2	$2x$
加上3	$2x+3$
再加上刚才我想的那个数	$3x+3$
加上1	$3x+4$
乘以2	$6x+8$
减去刚才想的那个数	$5x+8$
减去3	$5x+5$
再减去刚才想的那个数	$4x+5$
再减去2	$4x+3$
把上述运算的结果乘以2	$8x+6$
又加上3	$8x+9$

当他说完运算过程，你得到了一个结果：$8x+9$。当他告诉你最终运算的结果是49时，你很快就能得到方程式$8x+9=49$。通过求解这个方程，可得出$x=5$。所以，你立刻就能告诉他，他事

先想好的数是5。

与前面的那个游戏相比，这个更有意思。因为，这里他所做的运算不是你告诉他的，而是他自己选择的，他想怎么算都可以。当然，这个游戏也有不灵的时候。比如，当你的朋友说了很多步运算后，你得到的结果是 $(x+14)$ ，他又告诉你："再减去事先想好的数，最后得到的结果是14。"你跟着他继续计算， $(x+14)-x=14$ ，此时你只得到一个数——14，根本无法得到方程式。这样一来，你就无法得出他事先想好的那个数 x 。碰到这样的情况，你不妨这样做，在他说出计算结果前，你立刻打断他的话，说："等一下，你得到的结果是14，对不对？"当你的朋友听到这个结果时，一定会认为你有什么神奇的力量。因为他什么都没有告诉你，你就

已经知道了结果。虽然你没有得出他事先想好的那个数，但他依然会觉得这个游戏很有意思。

在下列表格中，我们列举了一个类似的例子。在这个例子中，最后得出的结果是12，里面根本不含有 x 。在这种情形下，你就可以打断朋友的话，告诉他最后的结果是12。

只要稍加练习，你就能跟朋友玩这种游戏了。

我想好了一个数	x
加上2	$x+2$
乘以2	$2x+4$
加上3	$2x+7$
减去我刚才想的那个数	$x+7$
加上5	$x+12$
再减去我刚才想的那个数	12

"荒唐"的数学题

【题目】下面这个问题看起来特别荒唐：

假设 $8 \times 8 = 54$，那么，84等于多少？

乍一看，这题目很奇怪，也没什么意义，其实不然，我们甚至能用方程来求解。

【解答】这个题目中的数并不是用十进制表示的，否则的话，问题"84等于多少"就没有意义了。假设这里的数是以 x 进制表示的，那么，84就可以表示成如下形式：

$$8x+4$$

而54则可以表示成：

$$5x+4$$

这样一来，就得到下面的方程：

$$8 \times 8 = 5x+4$$

即：

$$64=5x+4$$

可得：$x=12$

这就是说，题目中的数是用十二进制表示的，所以：

$$84=8 \times 12+4=100$$

即，如果 $8 \times 8 = 54$，那么84=100。

同理，我们还能解出下面的题目：

假设 $5 \times 6 = 33$，那么100等于多少？

答案：这个题目中的数是九进制的，所以很容易得出结果是81。

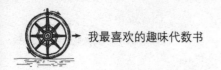

方程比我们考虑得更周密

有时，方程比我们考虑得更周密。不相信吗？我们可以试着解答下面的题目：

爸爸今年32岁，儿子只有5岁。多少年后，爸爸的年龄是儿子的10倍？

假设要求的年数是 x，那么，x 年后，爸爸的年龄是 $32+x$，而儿子的年龄是 $5+x$。根据题意，爸爸的年龄是儿子的10倍，可得到下面的方程：

$$32+x=10（5+x）$$

解方程，可得出：

$$x=-2$$

最后得出的 x 是一个负数，这是什么意思呢？"-2年以后"，也就是"2年以前"。在列出这个方程时，我们以为结果是几年以后，根本不会想到这个时间是2年以前，而在今后绝对不可能出现"爸爸的年龄是儿子的10倍"的情况。所以，这里的方程比我们考虑得更周密，它会提醒我们关注一些容易被忽略的细节。

古怪的数学题

解方程的时候，可能会碰到一些情况，让没有足够数学经验的人不知所措。下面，我们就来举几个这样的例子。

例1：有一个两位数，它十位数上的数字比个位上的数字小4。如果把十位和个位上的数字对调，新得到的两位数比原来的两位数多27。求这个两位数。

假设这个两位数十位上的数字是 x，个位上的数字是 y，根据题意可得到下面的方程组：

$$\begin{cases} x = y - 4 \\ (10y + x) - (10x + y) = 27 \end{cases}$$

将第一个方程代入第二个方程，可得到下面的方程：

$$[10y + (y - 4)] - [10(y - 4) + y] = 27$$

化简得到：$36 = 27$

也就是说，我们没有得出 x 和 y 的值，反而得到了一个矛盾的等式，这是怎么回事呢？

这说明，要求的两位数是不存在的，因为方程组中的两个方程是矛盾的。

化简第一个方程得到的是：$y - x = 4$

化简第二个方程得到的是：$y - x = 3$

上面两个方程的左边都是（$y - x$），但第一个方程的右边是4，而第二个方程的右边是3，显然这是矛盾的。

在求解下面的方程组时，也会遇到类似的问题：

$$\begin{cases} x^2 y^2 = 8 \\ xy = 4 \end{cases}$$

两个方程的两端分别相除，可得到下面的方程：

$$xy = 2$$

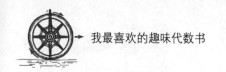

第二个方程是xy=4，对比可得出这样一个结论：4=2，显然这是不可能的。所以，满足这个方程组的数也是不存在的。一般我们称这种情况为"不相容"方程组或"矛盾"方程组。

例2：把例1中的已知条件稍加改变，又会遇到另一种意外的情形。比如，已知这个两位数十位数上的数字比个位上的数字小3，而不是小4，其他条件不变，求这个两位数。

假设这个两位数十位上的数字为x，个位上的数字则为x+3，可得到类似例1中的方程：

$$[10(x+3)+x]-[10x+(x+3)]=27$$

通过计算，可得出：

$$27=27$$

显然，这个等式是恒等式，但我们并未计算出x的值。是不是不存在这样的两位数呢？

情况刚好相反，这个恒等式说明，无论x的值是多少，方程永远成立。事实上，也很容易验证这一点，题目中讲到的已知条件，对于任何一个十位上的数字比个位上的数字小3的两位数来说，都是成立的，比如：

$$41-14=27$$
$$52-25=27$$
$$63-36=27$$
$$74-47=27$$
$$85-58=27$$
$$96-69=27$$

例3：有一个3位数，满足以下条件：

（1）十位上的数字是7；

（2）百位上的数字比个位上的数字小4；

（3）如果把这个三位数颠倒过来写（即个位与百位上的数字互换），新得到的数比原来的3位数大396。求这个三位数。

假设这个3位数个位上的数字为x，则有：

$$100x+70+x-4-[100(x-4)+70+x]=396$$

化简上面的方程，得到：

$$396=396$$

通过例2的经验，我们知道这个结果表示：任意一个三位数，只要它百位上的数字比个位上的数字小4，不考虑十位上的数字，那么，如果把这个三位数颠倒过来写，得到的新数就会比原来

的那个数大396。

上面讨论的这些问题都比较抽象，之所以列举这些例子，就是为了帮助读者养成一个习惯：遇到这样的问题，把方程列出来，剩下的就是求解方程的问题了。现在，我们已经有了这样的理论知识，接下来就能解决日常生活、体育或军事方面的问题了。

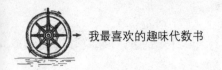

理发店里的数学题

【题目】读者可能会觉得不可思议，理发店里也会有代数吗？当然了，下面就是具体的经过。

有一天，我到理发店理发，这时理发师走到我身边，提出了一个问题："你能帮我一个忙吗？有个问题困扰我们很久了，我们实在找不到解决的办法。"

"为了解决这个问题，我们浪费了很多溶液。"旁边的一位理发师插嘴说道。

"到底是什么问题呢？说来听听。"我回答。

"我们有两种浓度的过氧化氢溶液，一种是30%的，另一种是3%的。现在，我们想配成浓度是12%的溶液，可怎么也找不到合适的比例。"

他们给我拿出一张纸，让我计算出这个比例。

其实，这个题目并不难，你知道该怎么做吗？

【解答】我们可以用算术的方法来解决这个问题，但这里用代数的方法更简单。为了配成12%的溶液，假设需要x克浓度为3%的溶液，y克浓度为30%的溶液。那么，在（$x+y$）克的溶液中，过氧化氢的质量为（$0.03x+0.3y$）克，混合后的溶液质量是（$x+y$）克，而此时溶液的浓度是12%，所以过氧化氢的质量应该是0.12（$x+y$）克。

于是，可得下面的方程：

$$0.03x+0.3y=0.12（x+y）$$

解这个方程，可得出：

$$x=2y$$

这就是说，在取这两种溶液的时候，只要保证浓度为3%的溶液的量是浓度为30%的溶液的2倍即可。

电车多长时间发出一辆车

【题目】有一天，我沿着电车路散步，通过观察我发现，每隔12分钟就有一辆电车从我身后开过来。而每隔4分钟，又会有一辆电车从我对面开过来。假设电车与我都是匀速前行的。试问，电车是每隔几分钟从起始站发出一辆车？

【解答】假设每隔x分钟从起始站发出一辆电车，也就是说，在某一辆电车追上我的地方，x分钟后，第二辆电车会开到。第二辆电车想追上我，就要在（12−x）分钟的时间里走完我在12分钟里走的路程。这就是说，我1分钟走过的路程，电车只需要 $\frac{12-x}{12}$ 分钟就可以走完。

如果电车是从对面开过来，在第一辆开过去4分钟后，又开过来第二辆电车。也就是说，第二辆电车需要在剩下的（x−4）分钟里，走完我4分钟走过的路程。所以，我1分钟走过的路程，电

车只需要 $\frac{x-4}{4}$ 分钟就可以走完。

由此，可得出下列方程式：

$$\frac{12-x}{12}=\frac{x-4}{4}$$

解方程，可得出：

$$x=6$$

也就是说，每隔6分钟，就会从起始站发出一辆电车。

这道题还能用其他的方法来求解，也就是算术方法。

假设前后发出的两辆车间的距离是a，如果电车是从对面开过来的，由于每隔4分钟就过去一辆，那么我和对面开过来的车之间的距离是缩短的，每隔1分钟，这个距离就缩短 $\frac{a}{4}$。同理，如果电车是从我身后开过来的，那么在1分钟的时间里，我和这辆电车之间的距离就会缩短 $\frac{a}{12}$。

假设现在的情形是：我往前走了1分钟之后，又马上回头朝着来时的方

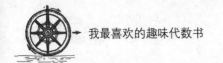

向走1分钟。也就是说，我又回到了开始的那个地方。这样的话，在第1分钟里，当电车从我的对面开过来的时候，我和电车之间的距离就缩短了$\frac{a}{4}$；在第2分钟里，刚才对面开过来的那辆电车开始从我的身后追我，在这个时间里，它与我之间的距离缩短了$\frac{a}{12}$。也就是说，在这2分钟的时间里，我和这辆电车之间的距离缩短了$\frac{a}{4}+\frac{a}{12}=\frac{a}{3}$。如果

我站在原地不动，那么2分钟后，这辆电车与我之间的距离也缩短了$\frac{a}{3}$。如果我站在原地不动，那么在1分钟的时间里，电车和我之间的距离就会缩短$\frac{a}{3}\div2=\frac{a}{6}$。换而言之，要走完全部路程$a$，电车需要的时间是6分钟。这就说明，对于一个站在某个地方不动的人来说，电车每隔6分钟就会开过去一辆。

乘木筏需要多久

【题目】河岸有两座城市，分别是A城和B城，B城在A城的下游方向。有一艘轮船，从A城行驶到B城花费5个小时。返回时，由于逆流的缘故，花费7个小时。假如乘坐一艘木筏的话（相当于以水流的速度行驶），从A城行驶到B城需要花费多长时间？

【解答】假设轮船在静水中从A城行驶到B城需要的时间是x小时，再假设乘坐木筏从A城到B城的时间是y小时。那么，在1小时的时间里，轮船行驶了两城之间距离的$\frac{1}{x}$，而木筏行驶的路程是两城之间距离的$\frac{1}{y}$。

所以，在1小时的时间里，轮船顺水行驶的路程是两城之间距离的（$\frac{1}{x}+\frac{1}{y}$），在逆水行驶时的路程是两城之间距离的（$\frac{1}{x}-\frac{1}{y}$）。由于顺水时轮船在1小时的时间里行驶的路程是两城之间距离的$\frac{1}{5}$，逆水时此数值是$\frac{1}{7}$，由此可得下面的方程组：

$$\begin{cases} \dfrac{1}{x}+\dfrac{1}{y}=\dfrac{1}{5} \\ \dfrac{1}{x}-\dfrac{1}{y}=\dfrac{1}{7} \end{cases}$$

把方程组中的两个方程相减，可得出y值，即：

$$\frac{2}{y}=\frac{2}{35}$$
$$y=35$$

也就是说，如果乘坐木筏从A城到B城，要花费35个小时。

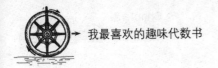

咖啡的净重

【题目】两个形状和材质都相同的罐子，里面均装满了咖啡。已知其中一个重2千克，高度为12厘米；另一个重1千克，高度为9.5厘米。试问，每罐里面的咖啡净重多少？

【解答】设大罐里的咖啡重x千克，小罐里的咖啡重y千克，再设两个罐子自身的重量分别是z千克和t千克。那么，得到方程组：

$$\begin{cases} x+z=2 \\ y+t=1 \end{cases}$$

根据已知条件，罐子里面装满了咖啡，那么，里面咖啡的质量比就是它们的体积之比，即跟高的立方成正比，所以有：

$$\frac{x}{y}=\frac{12^3}{9.5^3}\approx 2.02$$

即：$x\approx 2.02y$

两个罐子自身的质量之比等于它们

的表面积之比，也就是与高的平方成正比，所以有：

$$\frac{z}{t}=\frac{12^2}{9.5^2}\approx 1.60$$

即：$z\approx 1.60t$

将两个式子代入前面的方程组中，可得：

$$\begin{cases} 2.02y+1.60t=2 \\ y+t=1 \end{cases}$$

解这个方程组，可得出：

$$y=\frac{20}{21}\approx 0.95$$
$$t=0.05$$

进而得出：

$$x=1.92$$
$$z=0.08$$

也就是说，如果不算外包装的重量，大罐咖啡的净重是1.92千克，小罐咖啡的净重是0.95千克。

晚会上有多少跳舞的男士

【题目】晚会上一共有20个跳舞的人，玛利亚一共跟7个男伴跳过舞，奥尔加和8个男伴跳过，薇拉和9个男伴跳过……以此类推，妮娜跟所有的男伴都跳过舞。请问，在晚会上一共有多少个跳舞的男士？

【解答】要解答这道题，最关键的点就是选好未知数。假设跳舞的女士一共有 x 个，那么，就会出现下列关系：

第一位女士玛利亚，跟（6+1）个男伴跳过舞；

第二位女士奥尔加，跟（6+2）个男伴跳过舞；

第三位女士薇拉，跟（6+3）个男伴跳过舞；

……

第 x 位女士妮娜，跟（6+x）个男伴跳过舞。

由此，可得到下列方程式：

$$x+（6+x）=20$$

解得：$x=7$

进而：20-7=13

这就说明，跳舞的男士一共有13个。

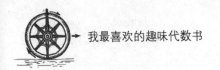

侦察船多久返回

【题目】一个舰队中有一艘侦察船，它奉命侦察舰队前方70英里的海面（图10）。假设舰队的行驶速度是35英里/小时，侦察船的行驶速度是70英里/小时。那么，多长时间之后，这艘侦察船会再回到舰队之中？

【解答】假设x小时后，侦察船会再次回到舰队中。在这段时间内，舰队行驶了35x英里，侦察船行驶了70x英里。这期间，侦察船在向前行驶了70英里后，又返回来行驶了一段距离，侦察船与舰队行驶的路程一共是（70x+35x）英里，此段路程也等于（2×70）英里。所以，可得到下面的方程式：

$$70x+35x=140$$

解方程，可得：$x=1\dfrac{1}{3}$

也就是说，经过1小时20分钟后，侦察船就能够回到舰队中。

【题目】一个舰队中的侦察船接到命令，要求到整个舰队航向的前方去执行侦察任务，且要在3个小时之内回到舰队中。假设侦察船的速度是60海里/小时，而整个舰队的航行速度是40海里/小时。试问，侦察船在离开舰队多久后就要往回赶？

【解答】设侦察船离开舰队x小时

图10

后就要往回赶，也就是说，侦察船离开舰队向前行驶了 x 小时，而后又往回行驶了（$3-x$）小时。在这 x 小时里，侦察船和整个舰队是同方向行驶的，所以它们行驶的路程差就是 $60x-40x=20x$ 海里。

侦察船掉头后，它朝着舰队行驶了 60（$3-x$）海里。在这段时间里，舰队行驶了 40（$3-x$）海里。依照前面的分析，它们之间的距离是 $20x$ 海里，所以有：

$$60（3-x）+40（3-x）=20x$$

解方程，得：$x=2\dfrac{1}{2}$

也就是说，侦察船必须在离开舰队 2 小时 30 分钟后往回赶。

自行车手的速度

【题目】在一个圆形的自行车赛道上，两个骑车的人都以匀速前进。如果他们朝相反的方向骑行，每隔10秒就会相遇一次；如果他们朝相同的方向骑行，每隔170秒其中一个人就会追上另一个人。假设这个赛道的长度是170米，试问：这两个人的骑行速度分别是多少？

【解答】假设第一个人的骑行速度是 x 米/秒。当两人朝着相反的方向骑行时，在10秒的时间里，第一个人前进了 $10x$ 米。当两人相遇时，第二个人前进了赛道剩余的部分，也就是（$170-10x$）米。再假设第二个人的骑行速度是 y 米/秒，那么在10秒内他前进了 $10y$ 米。所以，就会有下面的关系：

$$170-10x=10y$$

当两个人朝同方向骑行时，在170秒的时间里，他们骑行的距离分别是 $170x$ 米和 $170y$ 米。我们可假设第一个人的速度快一些，那么，从第一次追上到下一次追上，第一个人比第二个人多骑了一圈，即：

$$170x-170y=170$$

联立上面的两个方程，得出：

$$\begin{cases} x+y=17 \\ x-y=1 \end{cases}$$

求得：

$$x=9$$
$$y=8$$

即第一个人的骑行速度是9米/秒，第二个人的骑行速度是8米/秒。

摩托车比赛问题

【题目】三辆摩托车进行比赛，其中第二辆摩托车的速度比第一辆慢15千米/小时，比第三辆快3千米/小时。三辆摩托车同时发动，已知第二辆到达终点的时间比第一辆晚了12分钟，但比第三辆早了3分钟，且中途没有停下来。试问：

（1）比赛的全程是多少千米？

（2）这三辆摩托车的行驶速度分别是多少？

（3）这三辆摩托车跑完全程分别花了多长时间？

【解答】乍一看，题目的问题很多，要求的未知数也很多，但其实我们只要求出其中的两个，就能够得到所有的答案。

假设第二辆摩托车的速度是x千米/小时。那么，第一辆摩托车的速度就是（$x+15$）千米/小时，而第三辆的速度是（$x-3$）千米/小时。再假设比赛的路程全程是y千米，那么，三辆摩托车跑完全程所花费的时间（以小时为单位）分别是：

第一辆摩托车：$\dfrac{y}{x+15}$

第二辆摩托车：$\dfrac{y}{x}$

第三辆摩托车：$\dfrac{y}{x-3}$

第二辆摩托车比第一辆多花费12分钟，也就是$\dfrac{1}{5}$小时，所以有：

$$\frac{y}{x}-\frac{y}{x+15}=\frac{1}{5}$$

第三辆摩托车比第二辆多花费3分钟，也就是$\dfrac{1}{20}$小时，所以有：

$$\frac{y}{x-3}-\frac{y}{x}=\frac{1}{20}$$

在第二个方程的两边乘以4，然后分别减去第一个方程的两边，可以得到：

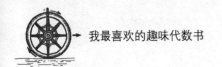

$$\frac{y}{x}-\frac{y}{x+15}-4\left(\frac{y}{x-3}-\frac{y}{x}\right)=0$$

显然，$y \neq 0$，将上面的方程用y除并去分母后，可得到：

$$(x+15)(x-3)-x(x-3)-4x(x+15)+4(x+15)(x-3)=0$$

去掉括号，化简后得到：

$$3x-225=0$$

解得：$x=75$

将x的值代入第一个方程，得到：

$$\frac{y}{75}-\frac{y}{75+15}=\frac{1}{5}$$

解得：$y=90$

得到x和y值后，很容易求出这三辆摩托车的速度，它们分别是：90千米/小时，75千米/小时和72千米/小时，而比赛的全程是90千米。从而，我们又能够求出三辆摩托车跑完全程所花费的时间依次是：1小时，1小时12分和1小时15分。

汽车的平均行驶速度

【题目】一辆汽车从A城开往B城，行驶速度为60千米/小时。之后，它又以40千米/小时的速度从B城返回A城。那么，它的平均速度是多少？

【解答】乍一看，这个题目好像很简单，但其实很多人并未真正理解题目的意思，从而被引到了错误的方向上，直接求60和40这两个数的算术平均值，即：

$$\frac{60+40}{2}=50$$

如果汽车在来回的路上所花费的时间相等，这个答案是正确的。但是，这是不可能的，因为它行驶的速度不同，所以从B城返回A城所用的时间肯定比较长。

事实上，我们依然能够通过方程式来求解这个题目。假设这两个城市之间的距离是l，所求的平均速度是x，则可得到下面的方程：

$$\frac{2l}{x}=\frac{l}{60}+\frac{l}{40}$$

显然，$l\neq0$，在方程的两边都除以l，得到：

$$\frac{2}{x}=\frac{1}{60}+\frac{1}{40}$$

很容易求得：

$$x=\frac{2}{\frac{1}{60}+\frac{1}{40}}=48$$

正确的答案就是，48千米/小时，而非50千米/小时。

如果把上面的两个速度都用字母表示，去时的速度是a千米/小时，回来时的速度是b千米/小时，则所求的x值为：

$$x=\frac{2}{\frac{1}{a}+\frac{1}{b}}$$

代数上将这个值称为a与b的调和平均值。

可见，汽车的平均行驶速度并不是算术平均值，而是两个速度的调和平均值。当a和b都是正值时，调和平均值总是比算术平均值$\frac{a+b}{2}$要小，就像上面所举的例子一样。

Chapter3

算术的好帮手——速乘法

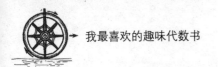

了解速乘法

对算数而言，想严格证明其中某些判断是否正确，无法依靠它自身进行，此时就需要用到代数的方法。比如，有些简便的算法，某些数字的有趣特性，判断一个数能否被整除，等等，这些算术命题都需要用代数的方法来证明。

为了简化计算，运算熟练的人经常借助一些简单的代数变换来减少计算量，比如要计算988^2。我们就可以用下面的方法来计算：

$$988=988 \times 988$$
$$= (988+12)(988-12)+12^2$$
$$=1000 \times 976+144$$
$$=976144$$

显然，这里用到了如下的代数变换：

$$a^2=(a+b)(a-b)+b^2$$

有了上面的公式，我们可以进行很多类似的计算，比如

$27^2=(27+3)(27-3)+3^2=729$

$63^2=(63+3)(63-3)+3^2=3969$

$18^2=20 \times 16+2^2=324$

$37^2=40 \times 34+3^2=1369$

$48^2=50 \times 46+2^2=2304$

$54^2=58 \times 50+4^2=2916$

再看一个例子，计算986×997。我们可以通过下列方式计算：

$$986 \times 997 = (986-3) \times 1000 + 3 \times 14 = 983042$$

上述算法的依据是什么呢？在上面的计算中，我们进行了如下变换：

$$986 \times 997 = (1000-14) \times (1000-3)$$

按照代数法则，把上面的括号去掉，就变成：

$$1000 \times 1000 - 1000 \times 14 - 1000 \times 3 + 14 \times 3$$

进行变换，可得：

$$1000 \times 1000 - 1000 \times 14 - 1000 \times 3 + 14 \times 3$$

$$= 1000 \times (1000-14) - 1000 \times 3 + 14 \times 3$$

$$= 1000 \times (986-3) + 14 \times 3$$

最后一行就是前面的算式。

如果相乘的两个三位数的十位和百位相同，而个位之和等于10，那么，它们的乘法很有意思。我们来看一个例子，比如计算783×787，就可以这样算：

$$79 \times 78 = 6162$$

$$3 \times 7 = 21$$

所以，上述乘法的计算结果就是616221。

这种算法的依据是什么呢？看看下面的算式你就明白了：

$$(780+3)(780+7) = 780 \times 780 + 780 \times 3 + 780 \times 7 + 3 \times 7$$

$$= 780 \times 780 + 780 \times 10 + 3 \times 7$$

$$= 780(780+10) + 3 \times 7$$

$$= 780 \times 790 + 21$$

$$= 616200 + 21$$

对于这类数的乘法，还有另一种简单的计算方法：

$$787 \times 783 = (785-2)(785+2)$$

$$= 785^2 - 2^2$$

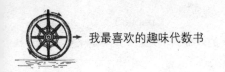

$$=616225-4$$

$$=616221$$

只不过在这个方法中，需要计算785的平方。

如果一个数的末位是5，还可以用下面的方法计算它的平方，比如：

35^2：$3 \times 4=12$，结果是1225；

65^2：$6 \times 7=42$，结果是4225；

75^2：$7 \times 8=56$，结果是5625。

以上方法的计算规则是：把这个数的十位数乘以比它大1的数写在前面，然后在后面写上25。对此，我们可以进行严格的证明。

假设这个数的十位数是a，那么这个数就可以表示为：

$$10a+5$$

这个数的平方就是：

$$100a^2+100a+25=100a（a+1）+25$$

上式中的$a（a+1）$就是十位数和比它大1的数的乘积，得到的结果乘以100再加上25，就相当于在前面的乘积后面直接写上25。

如果一个整数后面带一个$\frac{1}{2}$，也能用上面的方法来求平方，比如：

$$(3\frac{1}{2})^2=3.5^2=12.25=12\frac{1}{4}$$
$$(7\frac{1}{2})^2=7.5^2=56.25=56\frac{1}{4}$$
$$(8\frac{1}{2})^2=8.5^2=72.25=72\frac{1}{4}$$

数字1、5和6的特性

末位是1或5的数累乘，得出的结果末位也是1或5。相信很多读者已经注意到这个情况了。那么，如果末位是6呢？会是什么情形？其实，如果末位是6，那么这个数的任何次方得出来的结果，末位依然是6。比如：

$$46^2=2116$$

$$46^3=97336$$

可见，如果一个数的末位是1、5或6，它们都有同样的性质，对于这一特性，我们能够用代数的方法来证明。

对于末位是6的数，可将其表示为：

$$(10a+6) \ 或 \ (10b+6)$$

其中，a和b可以是任意整数。

所以，这两个数的乘积就是：

$$(10a+6) \ (10b+6) =100ab+60a+60b+36$$

$$=10 \ (10ab+6a+6b) +30+6$$

$$=10 \ (10ab+6a+6b+3) +6$$

可见，如果两个数的末位都是6，那么，它们的乘积是一个10的倍数与6的和。所以，得出的结果的末位必然是6。同理，我们还可以证明一下末位是1或5的情形。

通过上面的分析，我们可以快速得出下面的结论：

386^{2567}的末位是6；

815^{723}的末位数是5；

491^{1732}的末尾数是1；

……

数 25 和 76 的特性

在前面一节中，我们讲到了末位是 1、5 和 6 的数的特性，对于末位是 25 或 76 这样的数，也有同样的性质，即任何两个末两位是 25 的数相乘，结果的末两位也是 25；如果末两位是 76，乘积结果的末两位也是 76。接下来，我们就来证明一下这个结论。

把末两位是 76 的两个数表示为：

$(100a+76)$ 和 $(100b+76)$

那么，它们的乘积就是：

$$(100a+76)（100b+76)$$

$$=10000ab+7600a+7600b+5776$$

$$=10000ab+7600a+7600b+5700+76$$

$$=100（100ab+76a+76b+57）+76$$

由上式可见，这个结果的末两位数依然是 76。

因此，只要一个数的末两位是 76，那么，它的任何次方的末两位数仍然是 76，比如：

$$376^2=141376$$

$$576^3=191102976$$

无限长的"数"

还有一些由多位数字组成的长串数尾，也有类似于上面的特性，在经过连乘后仍然保持不变，这些数尾的长度甚至可能是无限的。

我们知道，有这种特性的两位数有25和76，那么，有没有具有这种特性的三位数呢？我们可以通过下面的方法来寻找。

假设在76前面的数字为k，那么，这个三位数可以表示为下面的形式：

$$100k+76$$

因此，以这个三位数为末尾的数就可以表示为（$1000a+100k+76$），（$1000b+100k+76$），等等。那么，它们的乘积就是：

（$1000a+100k+76$）（$1000b+100k+76$）

$=1000000ab+100000ak+100000bk+76000a+76000b+10000k^2+15200k+5776$

从上式可见，除了最后两项，前面的各项都是1000的倍数。也就是说，每项后面都有3个0。那么，如果以下两项之差，也就是[$15200k+5776-$（$100k+76$)]能被1000整除，那么，所得乘积的末数依然是（$100k+76$），而上面的式子就变成：

$15100k+5700=15000k+5000+100$（$k+7$）

显然，当$k=3$时，上式能够被1000整除。

所以，所求的三位数是376。这就是说，376的任何次方得出的数一定是以376为末尾，比如：$376^2=141376$。

我们还可以用同样的方法找到符合条件的四位数。假设376前面的数字为l，那么，问题就变成：当l等于多少的时候，下面的乘积

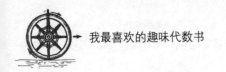

$$（10000a+1000l+376）（10000b+1000l+376）$$

以（$1000l+376$）为末尾？将上式的括号去掉，并把10000的倍数的项舍去，最后剩下下面两项：$752000l+141376$。

上式与（$1000l+376$）的差为：

$$752000l+141376-（1000l+376）$$

$$=751000l+141000$$

$$=750000l+140000+1000（l+1）$$

只有当上面的这个数能被10000整除的时候，所得乘积的末尾才是（$1000l+376$）。很显然，此时$l=9$，也就是说，所求的四位数是9376。

同理，我们可以求出满足这一条件的其他多位数，比如，五位数09376，六位数109376，七位数7109376，等等。只要在这些数的前面加上一位，就能一直计算下去，从而得到一个无限多位的这样的"数"：……7109376。

对于这样的数来说，同样能够进行一般的加法或乘法运算，因为这些数是从右向左写的，而加法或乘法的竖式运算也是从右向左进行的，且当两个这样的数进行加法或乘法运算时，它们的和或乘积可以去掉任意多的数字。更有趣的是，对于这个无限长位数的"数"来说，下面的方程是成立的：$x^2=x$。

看起来似乎有点不可思议，但事实就是如此。由于这个数的末尾是76，所以它的二次方的末尾也应该是76。同样，我们可以得出，这个数二次方的末尾也可以是376，或是9376等。也就是说，这个"数"的二次方中逐个减去一些数字，就能得到一个与$x=$……7109376相同的数。所以，我们就能得出结论：$x^2=x$。

以上分析了以76为末尾的"无限长"的数。同样的方法，我们也能找出以5为末尾的这类数，它们是：5、25、625、90625、890625、2890625，最后也能得到一个满足$x^2=x$的无限多位的"数"：……2890625，且这个无限多位的"数"还"等于"：$\{[（5）^2]\}^{2\cdots}$。

可以这样说明这个数：在十进制中，除$x=0$和$x=1$外，方程$x^2=x$还有两个无限的解：$x_1=$……7109376，$x_2=$……2890625。

一个关于补差的古代民间题目

【题目】很久以前，有这样一个故事：两个商人均以贩卖牲畜为生，如果把他俩共有的牛都卖掉，每头牛卖得的钱数正好等于牛的总数。两人用卖牛的钱买一群羊，每只大羊的价格是10卢布，这样还剩下一个零头，又买了一只小羊。他俩把买来的羊进行了平分，第一个人比第二个人多了一只大羊，但第二个人得到了那只小羊，还从第一个人那里找补了一点钱。假设找补的钱是整数，试问，找补了多少钱呢？

【解答】这个问题无法直接变换成代数语言来解答，因为没办法列出方程。在这里，我们考虑用一种特殊的方法，也就是数学思考。不过，我们依然能够借用代数这一工具。

根据题意，每头牛的价格n等于牛的总数n，所以卖得的总钱数应该是n^2。由于第二个人多得了一只大羊，所以大

羊的总数应该是一个奇数。每只大羊的价格是10卢布，因此我们可得出，n^2的十位数字应该是奇数。于是，题目就变成：如果一个数的平方的十位数是奇数，那么，它的个位数字是多少？

很容易证明，这个平方数的个位数字是6，只有它能满足上述条件。

事实上，对于任何一个以a为十位数字、以b为个位数字的数，都有：

$$(10a+b)^2=100a^2+20ab+b^2$$
$$=(10a^2+2ab)\times10+b^2$$

在这个数中，$(10a^2+2ab)$和b^2都可能含有十位数字的一部分，但显然前面一部分是偶数，所以只有一种可能：包含在b^2中的十位数字是奇数。只有这样，$(10a+b)^2$中的十位数字才是奇数。b是这个数的个位数字，它只有一位数字，所以这个b^2只能是下面这些数中的其中一个：0、1、4、9、16、25、

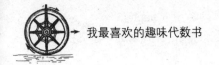

36、49、64、81。

在上面的数中，只有16和36的十位数字是奇数，巧合的是，这两个数都是以6为尾数，所以（10a+b）的平方（$100a^2+20ab+b^2$）一定以6作为末位数字，只有此时，十位数字才是奇数。

由此可得，买小羊花费了6卢布，而大羊的价格是10卢布。所以，如果不找补钱，得到小羊的人就损失了4卢布，想要公平的话，第一个人就应该找补第二个人2卢布。

能被 11 整除的数

利用代数，我们可以不进行除法运算，就能判断一个数是否能够被另一个数整除。我们很容易判断一个数是否能被2、3、4、5、6、7、8、9、10整除，但如果要判断一个数是否能被11整除呢？这里介绍一个既简单又实用的方法。

假设要判断的这个多位数是N，它的个位数字是a，十位数字是b，百位数字是c，千位数字是d，等等。那么，则有：

$$N=a+10b+100c+1000d+\cdots$$

$$=a+10（b+10c+100d+\cdots）$$

从这个数中减去一个11的倍数：$11（b+10c+100d+\cdots）$，得到的差值为：

$$a-b-10（c+10d+\cdots）$$

显然，这个差值除以11得到的余数等于N除以11得到的余数。将这个差值加上一个11的倍数$11（c+10d+\cdots）$，得到下面的数：

$$a-b+c+10（d+\cdots）$$

那么，这个数除以11得到的余数也等于N除以11得到的余数。同理，再从这个数中减去一个11的倍数$11（d+\cdots）$，如果一直这样进行下去，就会得到下面的结果：

$$a-b+（c-d）+\cdots=（a+c+\cdots）-（b+d+\cdots）$$

这个数除以11得到的余数，也等于N除以11得到的余数。

这样，我们就得到了判断一个数能否被11整除的方法：求出这个数所有奇数位的数字之和，减去这个数所有偶数位的数字之和，如果这个差为0或是11的倍数，

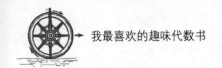

那么这个数就能被11整除，否则就不能被11整除。

举个例子来说，用上面的方法判断一下87635064是否能被11整除。

这个数奇数位的数字之和是：4+0+3+7=14

偶数位的数字之和是：6+5+6+8=25

两者之差是：14−25=−11

所以，这个数能被11整除。

除了上面的方法以外，要判断一个不是很大的数能否被11整除，还可以用下面的方法：把这个数从右到左每两位数作为一个整体进行划分，然后把分出来的数相加，如果加起来的和能够被11整除，那么这个数就能被11整除。反之，则无法被11整除。

比如，要判断528是否能被11整除，可以把这个数分成两部分：5和28，它们的和是：5+28=33。显然，33可以被11整除，所以528也能被11整除。实际上，528÷11=48。

接下来，我们来证明一下这个方法。假设这个多位数是N，将其自右至左每两位数作为一个整体进行划分后，得到的数依次是a、b、c、…，则N的形式可以表示成：

$$N=a+100b+1000c+\cdots=a+100\,(b+100c+\cdots)$$

如果把这个数减去一个11的倍数$99\,(b+100c+\cdots)$，差值就是$a+(b+100c+\cdots)$。

那么，这个差值除以11得到的余数应该等于N除以11得到的余数。同样，再从这个差值中减去一个11的倍数$99\,(c+\cdots)$，如果一直这样进行下去，就会得出下面的结论：

N除以11得到的余数，等于$(a+b+c+\cdots)$除以11得到的余数。

问题得证。

逃逸汽车的车牌号

【题目】一辆汽车违反了交通规则，刚巧被三个学数学的大学生看见了。他们没有记住车牌号码，只知道是一个四位数。不过，他们记住了这些车牌号码的一些特点：第一个人记得这个号码的前两位相同，第二个人记住这个号码的后两位也相同，第三个人记得这个号码刚好是一个数的平方。根据这些特点，你能推算出这个号码是多少吗？

【解答】假设这个车牌号的第一位数字（与第二位相同）是a，第三位数字（与第四位相同）是b，那么这个数就可以表示为：

$$1000a+100a+10b+b=1100a+11b=11（100a+b）$$

显然，这个数可以被11整除。由于这是一个数的平方，所以它肯定能够被11^2整除。也就是说，（$100a+b$）可以被11整除。根据前面判断一个数是否能被11整除的方法，我们知道，（$a+b$）应该也能被11整除。由于a和b都是小于10的数，因此只能是：$a+b=11$。

又因为这号码是一个数的平方，而b是这个数的末位数字，所以b只可能是下面数字中的一个：0、1、4、5、6、9，而$b=11-a$，所以a就是下面数字中的一个：11、10、7、6、5、2。其中，11和10不符合条件，可以舍去，从而a和b只可能是下面的组合：

$$a=7，b=4$$

$$a=6，b=5$$

$$a=5，b=6$$

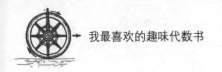

$$a=2,\ b=9$$

也就是说，车牌号码可能是下面中的一个：

$$7744,\ 6655,\ 5566,\ 2299$$

在这4个数中，6655只能被5整除，无法被25整除；5566只能被2整除，无法被4整除；2299=121×19；所以，这3个数都不可能是一个数的平方。这样，就只剩下一个满足条件的数字：7744=88^2。所以，这个车牌号就是7744。

苏菲·热门的题目

【题目】法国著名的数学家苏菲·热门提出过下面这个题目：

证明以（a^4+4）位形式的数必定是合数，其中$a \neq 1$。

【解答】（a^4+4）可表示为：

$$a^4+4=a^4+4a^2+4-4a^2$$
$$=(a^2+2)^2-4a^2$$
$$=(a^2+2)^2-(2a)^2$$
$$=(a^2+2+2a)(a^2+2-2a)$$

从上式可见，（a^4+4）可表示为两个因数之积。而$a^2+2-2a=(a-1)^2+1$，$a \neq 1$，所以这两个因数都不等于1，且也不等于（a^4+4），也就是说，（a^4+4）是合数。

合数有多少个

素数是大于1的整数，有无穷多个，且满足下面的条件：除了1和它自身以外，不能被其他的数整除。有时，我们也把素数称为质数。

2、3、5、11、13、17、19、23、31、…都是素数，素数有无穷多个，可以一直写下去。在这些素数之间的数都是合数，素数把自然数分成了长短不一的合数区段。那么，这些合数区段的长度是多少呢？有没有可能在某个地方，存在着连续的1000个合数，在这1000个合数中间没有素数存在呢？

事实上，这种情况是存在的，我们甚至可以证明这一点。

为了便于讨论，我们在这里引入阶乘符号$n!$，$n!$代表从1到n这些整数的连乘。例如，$5! =1×2×3×4×5$。下面，我们就来证明，下面这个数列：

$[(n+1)! +2]$，$[(n+1)! +3]$，

$[(n+1)! +4]$，…，$[(n+1)! + (n+1)]$

是n个连续的合数。

显然，这些数的后一个都比前一个大1，即它们是按自数的顺序排列的。下面，来证明这些数都是合数。

我们先来看第一个数：

$(n+1)! +2=1 × 2 × 3 × 4 × 5×…× (n+1) +2$

很明显，由于两个加数都是2的倍数，所以这是一个偶数，当然也是合数。

第二个数：

$(n + 1)! + 3 = 1 × 2 × 3×4×5×…× (n+1) +3$

两个加数都是3的倍数，因此它也是合数。

第三个数：

$(n+1)! +4=1×2×3×4×5×…× (n+1) +4$两个加数都是4的倍数，因

此这个数也是合数。

同理，我们还可以证明（$n+1$）！+5是5的倍数。

……

这就是说，在这个数列中，每个数都是合数。

举个例子，只要取$n=5$，我们就能写出5个连续的合数：

722，723，724，725，726

需要指出的是，这并不是唯一的5个连续的合数，下面的5个数也是连续的合数：

62，63，64，65，66

下面这5个数也是连续的合数：

24，25，26，27，28

【题目】现在，请你试着写出10个连续的合数。

【解答】根据前面的分析，只要取$n=10$就行了。所以，第一个数为：

$$1 \times 2 \times 3 \times 4 \times 5 \times \cdots \times 10 \times 11 + 2 = 39916802$$

所以，这10个连续的合数是：

39916802，39916803，39916804，…

请注意，这并不是最小的10个连续合数，下面的13个连续的数只比100大一点，也都是合数：114，115，116，117，…，126。

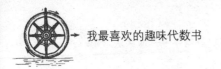
素数有多少个

通过前面一节的学习，我们知道，任何长度的连续合数区段是存在的。那么，素数列是否也没有尽头呢？下面，我们也来证明一下：素数的个数是无穷的。

其实，古希腊的数学家欧几里得曾经证明过这个问题，并将证明过程收录于他的著作《几何原本》中。他是通过"反证法"来证明的。假设素数的个数是有限的，并把最后的一个素数记为N，那么：

$$1 \times 2 \times 3 \times 4 \times 5 \times \cdots \times N = N!$$

在这个阶乘后面加1，得到：$N! + 1$。

由于这个数大于N，那么根据假设该数是合数，至少存在一个素数可以整除它。另一方面，（$N! + 1$）除了1和它自身之外，无法被任何数整除，因为除起来余数永远是1。

这是相互矛盾的。所以，虽然在自然数列中有任意长度的连续合数列，但在它之后依然能够找到无穷多个素数。

已知的最大素数

虽然我们知道素数行列是没有尽头的，但依然还在探索哪些自然数是素数。那么，有没有最大的素数呢？想要分析一个自然数是否为素数，必须进行计算，这个数越大，计算量也越大。迄今为止，我们所知道的最大的素数是：

$$2^{2281}-1$$

这个数究竟有多大呢？倘若换算成十进制的话，大概有700位。人们已经证明这个数是素数。

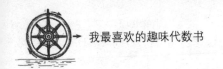

有时算术方法更简单

我们知道，代数对算术的帮助很大。但有的时候，引入代数的方法却会让问题变得更复杂。数学就是一门方法的科学，利用它为的是找到解决问题的简便方法。至于选择用什么方法，是代数、几何，还是算术，我们并不关心。下面，我们就通过一个例子，来看看引入代数反而使问题变复杂的情况是什么样的。

【题目】找出一个最小的数，使它满足下面的条件：

如果用2除，余1；

如果用3除，余2；

如果用4除，余3；

如果用5除，余4；

如果用6除，余5；

如果用7除，余6；

如果用8除，余7；

如果用9除，余8。

【解答】对于这个问题，有些读者可能会想："这个问题的方程太多了，根本没办法解。"如果你也这样想，说明你打算用代数方法来求解。但其实，代数方法会让问题变得复杂而不可解。我们不妨试着用算术的方法来求解。

将所求的余数加1，再用2除，余数就是2，也就是说，这个数可以被2整除。

同理可得，所求的数加1后，也可以被3、4、5、6、7、8、9整除。所以，这个数最小是：$9 \times 8 \times 7 \times 5 = 2520$。

所求的数就是2519。很容易证明，这个答案是对的。

Chapter4

丢藩图方程

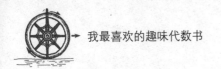

该如何付钱

【题目】你在商店里看上了一件衣服，它的价格是19卢布。你身上的钱是面值为2卢布的，而商店里的钱都是面值为5卢布的，那么，你该如何付钱呢？

【解答】其实，这个题目可以转化为：你应该给商店几张2卢布的钞票，商店找给你几张5卢布的钞票，使得商店收的钱数刚好是19卢布。题目要求的未知数有两个：一个是2卢布面值钞票的张数x，另一个是5卢布面值钞票的张数y。根据题意，只能得到一个方程，即：

$$2x-5y=19$$

对于上面的方程来说，有无数个解。但是，能否找到x和y都是正整数的解呢？这并不容易，所以才要寻找求解这类"不定方程"的方法。首次把这种方法引入代数的是古希腊著名的数学家

丢藩图，因此，我们也把这类方程称为"丢藩图方程"。

下面，我们就这个例子来说明这类方程的解法。

现在的问题是，求方程$2x-5y=19$的解，其中x和y都是正整数。

首先，把方程进行变形，即：

$$2x=19+5y$$

所以，有，$x=\dfrac{19}{2}+\dfrac{5y}{2}=9+2y+\dfrac{y+1}{2}$

在上式的右边，9和$2y$都是正整数，要想x也是正整数，$\dfrac{y+1}{2}$必须是正整数才行。

设$t=\dfrac{y+1}{2}$，则有：$x=9+2y+t$

那么，$2t=1+y$

$$y=2t-1$$

把前面式子中的y用上式中的（$2t-1$）来代替，则有：

$$x=9+2（2t-1）+t=5t+7$$

现在，我们来看这个方程组：

$$\begin{cases} x=5t+7 \\ y=2t-1 \end{cases}$$

可以看出，如果t是整数，x和y就一定是整数。这里的x和y必须是正整数，也就是说，它们都大于0，即：

$$\begin{cases} 5t+7>0 \\ 2t-1>0 \end{cases}$$

解上面的不等式，得到：

$$5t+7>0 \rightarrow 5t>-7 \rightarrow t>-\frac{7}{5}$$

$$2t-1>0 \rightarrow 2t>1 \rightarrow t>\frac{1}{2}$$

所以，t的取值范围是：$t>\frac{1}{2}$

由于t是整数，所以t可取下面的数值：

$$t=1，2，3，4，\cdots$$

对应的x和y的值分别是：

$$x=5t+7=12，17，22，27，\cdots$$

$$y=2t-1=1，3，5，7，\cdots$$

现在，你就知道该如何付款了。你给商店12张2卢布面值的钞票，商店找回你1张5卢布面值的钞票：$12\times2-5=19$。或者，你给商店17张2卢布面值的钞票，商店找回你3张5卢布面值的钞票：$17\times2-3\times5=19$，等等。

从理论上讲，这个题目有无数个解。但是，对于你和商店来说，不可能

有无穷多的钞票。比如，你们双方都只有15张钞票，此时就只有一个解：你给商店12张2卢布面值的钞票，商店找回你1张5卢布面值的钞票。

在这个题目中，如果条件变一下，比如，你只有5卢布面值的钞票，而商店只有2卢布面值的钞票，你可以自己计算一下，很容易得到下面的解：

$$x=5，7，9，11，\cdots$$

$$y=3，8，13，18，\cdots$$

实际上：

$$5\times5-3\times2=19$$

$$7\times5-8\times2=19$$

$$9\times5-13\times2=19$$

$$11\times5-18\times2=19$$

$$\cdots\cdots$$

其实，不用重新计算，借助一点简单的代数方法，就能从母题的解法中求出上面题目的解。在上面的题目中，你付给商店5卢布面值的钞票，商店找回你2卢布面值的钞票，就相当于你付了-2卢布面值的钞票，商店找给你-5卢布面值的钞票。所以，仍然可以用前面的方程2x-5y=19来求解，但这里要求x和y都是负数。

所以，由方程组：

$$\begin{cases} x=5t+7 \\ y=2t-1 \end{cases}$$

得到：

$$\begin{cases} 5t+7<0 \\ 2t-1<0 \end{cases}$$

解得：

$$t<-\frac{7}{5}$$

取$t=-2$，-3，-4，-5，…就可以得出x和y的值（见右边表格）。

对于第一组解：$x=-3$，$y=-5$，意思就是：你付给商店-3张2卢布面值的钞票，而商店找回你-5张5卢布面值的钞票，换句话说，你付给商店5张5卢布面值的钞票，而商店找回你3张2卢布面值的钞票。对于其他的几组解，也可以用同样的方法来解释。

t	-2	-3	-4	-5
x	-3	-8	-13	-18
y	-5	-7	-9	-11

恢复账目

【题目】如图11，某商店在检查账本时，发现有两处账目被涂料盖住了，只能看到一部分。毛绒布已经卖出去了，不可能再找回来，但账本上的数字提供了一些线索。根据账目尚未被盖住的数字，我们必须把盖住的数字推测出来。那么，该怎样推测出这些数字，把账目记录恢复呢？

【解答】假设一共卖出了 x 米毛绒布，那么卖得的钱数就是 $4936x$ 戈比（1卢布=100戈比）。在这个总金额中，被涂料盖住的3个数字，只剩下最后3位"7.28"，假设被盖住的那3个数字组成的3位数是 y。我们可以把这个金额用戈比表示为：

$$1000y+728$$

从而得到方程：

$$4936x=1000y+728$$

两边都除以8，得到：

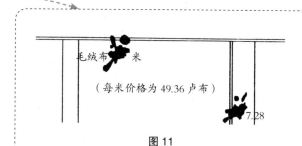

毛绒布 米

（每米价格为 49.36 卢布）

7.28

图 11

$$617x-125y=91$$

其中，x 和 y 都是大于0的整数。与前面一节中的分析一样，我们先求出 y 值：

$$y=\frac{617x-91}{125}=5x-1+\frac{34-8x}{125}$$
$$=5x-1+\frac{2(17-4x)}{125}$$

通过这种方法，我们对上式进行了简化。由于 x、y 都是整数，所以，$\frac{2(17-4x)}{125}$ 也必须是整数。2无法被125整除，所以 $\frac{17-4x}{125}$ 必须是整数，在上式中用 t 来代替它，即：

$$\frac{17-4x}{125}=t$$
$$17-4x=125t$$

我最喜欢的趣味代数书

$$x=4-31t+\frac{1-t}{4}$$

上式中，令 $t_1=\frac{1-t}{4}$

则有，$4t_1=1-t$

$$t=1-4t_1$$

所以，$x=125t_1-27$

$$y=617t_1-134$$

根据前面的分析，y 是三位数，所以 $100 \leqslant y < 1000$，

即：$100 \leqslant 617t_1-134 < 1000$

解得：$\frac{234}{617} \leqslant t_1 < \frac{1134}{617}$

显然，此时的 t_1 只能取1，则有：

$$x=98$$

$$y=483$$

也就是说，一共卖出了98米毛绒布，卖得的钱数是4837.28卢布，账目记录得以恢复。

每种邮票各买几张

【题目】用1卢布刚好能买40张邮票，而邮票的价格不一，分别是1戈比、4戈比、12戈比。那么，应该分别买几张呢？

【解答】假设1戈比、4戈比、12戈比的邮票张数分别是x、y、z，则有：

$$\begin{cases} x+4y+12z=100 \\ x+y+z=40 \end{cases}$$

两个等式相减，可得到下面的式子：

$$3y+11z=60$$

所以，$y=20-\dfrac{11z}{3}$

显然，$\dfrac{z}{3}$必须是整数，假设$\dfrac{z}{3}=t$，则：

$$y=20-11t$$

$$z=3t$$

把上面的两个式子代入前面的方程，得到：

$$x+20-11t+3t=40$$

所以：$x=20+8t$

这样，我们就得到了x、y、z和t的关系：

$$\begin{cases} x=20+8t \\ y=20-11t \\ z=3t \end{cases}$$

由于$x>0$，$y>0$，$z>0$，所以t的取值范围只能是：

$$0 \leq t \leq 1$$

这就是说，t只能是0或1。

显然，当$t=0$时，$x=20$，$y=20$，$z=0$；

当$t=1$时，$x=28$，$y=9$，$z=3$。

我们可以验证一下这个答案：

$20 \times 1+20 \times 4+0 \times 12=100$

$28 \times 1+9 \times 4+3 \times 12=100$

综上所述，有两种组合满足条件。但如果要求每种邮票都要有的话，答案只能是后者。在下面一节中，我们再看一个类似的题目。

每种水果各买几个

【题目】要用5卢布买100个3种不同的水果（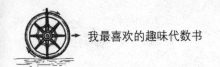），已知水果的价格如下：一个西瓜50戈比，一个苹果10戈比，一个李子1戈比。那么，每种水果应该分别买多少个呢？

【解答】假设应该买的西瓜、苹果、李子的数目分别是x、y、z，则有下面的方程：

$$\begin{cases} 50x+10y+z=500 \\ x+y+z=100 \end{cases}$$

两个式子相减，可得：

$$49x+9y=400$$

则，$y=\dfrac{400-49x}{9}$

$$=44-5x+\dfrac{4（1-x）}{9}$$

令$t=\dfrac{1-x}{9}$

所以，$x=1-9t$

将其代入前面的式子，可得：

$y=44-5（1-9t）+4t=39+49t$

把这里的x、y代入前面的第二个方程，得到：

$$1-9t+39+49t+z=100$$

所以，$z=60-40t$

图12

由于 x、y 都是大于0的整数，即

$$\begin{cases} 1-9t>0 \\ 39+49t>0 \\ 60-40t>0 \end{cases}$$

可得：

$$-\frac{39}{49}<t<\frac{1}{9}$$

t 只能是整数，所以，$t=0$。

于是，$x=1$，$y=39$，$z=60$

也就是说，应该买1个西瓜，39个苹果和60个李子，只有这一种组合。

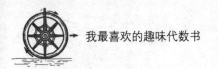

推算生日

【题目】下面我们来做一个游戏，看看你对不定方程的解答是否熟练。

请你的朋友把他的生日的日期乘以12，再把生日的月份乘以31，然后把两个数相加的结果告诉你。这时，你就能推算出他的生日了。

比如，你朋友的生日是2月9日，那么，他会这样计算：

$9 \times 12 = 108$，$2 \times 31 = 62$，$108 + 62 = 170$

所以，他会告诉你结果是170。通过这个数值，你要推算出他的生日。那么，你想到该怎么做了吗？

【解答】根据题意，得出下列方程：

$$12x + 31y = 170$$

其中，x和y都是正整数，且$x \le 31$，$y \le 12$

于是，$x = \dfrac{170 - 31y}{12}$

$\qquad = 14 - 3y + \dfrac{2 + 5y}{12}$

令$\dfrac{2 + 5y}{12} = t$

所以，$2 + 5y = 12t$

从而，$y = \dfrac{-2 + 12t}{5} = 2t - \dfrac{2(1 - t)}{5}$

令$\dfrac{1 - t}{5} = t_1$

所以，$1 - t = 5t_1$

$t = 1 - 5t_1$

从而，$y=2t-2t_1$

$\qquad =2（1-5t_1）-2t_1$

$\qquad =2-12t_1$

$x=14-3y+t$

$\qquad =14-3（2-12t_1）+1-5t_1$

$\qquad =9+31t_1$

由于$0<x\leqslant31$，$0<y\leqslant12$

所以，t_1的取值范围是：

$$-\frac{9}{31}<t_1<\frac{1}{6}$$

由于t_1是整数，所以t_1只能取0，于是：

$$x=9，\ y=2$$

因此，你朋友的生日是2月9日。

事实上，这个游戏总能够成功，因为这个题目的解只有一个。假设把你朋友告诉你的结果记为a，那么，我们有下面的方程：

$$12x+31y=a$$

这里，我们利用"反证法"。假设上面的方程有两个解，分别是x_1、y_1和x_2、y_2，其中，x_1、x_2不大于31，y_1、y_2不大于12。那么，就有下面的等式：

$$12x_1+31y_1=a$$

$$12x_2+31y_2=a$$

两式相减，得到：

$$12（x_1-x_2）+31（y_1-y_2）=0$$

由于x_1、x_2、y_1、y_2都是整数，所以，我们能够得出$12（x_1-x_2）$可被31整除。由于x_1、x_2都不大于31，所以（x_1-x_2）也小于31。从而，只有在$x_1=x_2$时，$12（x_1-x_2）$可被31整除。也就是说，这两个解是相等的。这与前面的假设是矛盾的，因此可以说，前面的方程只有唯一的解。

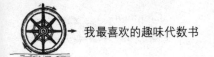

卖鸡

☰ ☰

【题目】三姐妹带着母鸡到集市上去卖。第一个人带了10只，第二个人带了16只，第三个人带了26只。上午，她们卖出的价格是一样的，都卖出了一部分母鸡。下午她们卖出的价格依然一样，只不过比上午低一些，最后把所有的母鸡都卖完了。她们卖得的钱数一样，都卖了35卢布。

请问，她们在上午和下午卖出的价格分别是多少？

【解答】假设她们上午卖出的母鸡数分别是x、y、z，那么，下午卖出的母鸡分别是（$10-x$）、（$16-y$）、（$26-z$）。再假设上午每只母鸡卖出的价格是m，下午每只母鸡卖出的价格是n，就可得到下面的表格：

卖出的母鸡数				价格
上午	x	y	z	m
下午	$10-x$	$16-y$	$26-z$	n

第一个人卖得的钱数是：$mx+n$（$10-x$）

第二个人卖得的钱数是：$my+n$（$16-y$）

第三个人卖得的钱数是：$mz+n$（$26-z$）

根据题意，她们卖得的钱数都是35卢布，因此可得下列方程组：

$$\begin{cases} mx+n（10-x）=35 \\ my+n（16-y）=35 \\ mz+n（26-z）=35 \end{cases}$$

将每个方程变换一下，可得：

$$\begin{cases} (m-n)\,x+10n=35 \\ (m-n)\,y+16n=35 \\ (m-n)\,z+26n=35 \end{cases}$$

用第三个方程分别减去第一个方程和第二个方程，可得：

$$\begin{cases} (m-n)\,(z-x)+16n=0 \\ (m-n)\,(z-y)+10n=0 \end{cases}$$

化简后可得：

$$\begin{cases} (m-n)\,(x-z)=16n \\ (m-n)\,(y-z)=10n \end{cases}$$

两个方程相除，得到：

$$\frac{x-z}{y-z}=\frac{8}{5}$$

即：$\dfrac{x-z}{8}=\dfrac{y-z}{5}$

由于 x、y、z 都是正整数，所以它们的差也是整数。想要上面的等式成立，需要满足下面的条件：$(x-z)$ 能被8整除，$(y-z)$ 能被5整除。

假设：$\dfrac{x-z}{8}=\dfrac{y-z}{5}=t$

则：$x=z+8t$

$\quad y=z+5t$

由于 $x>z$（否则，第一个人不可能与第三个人卖的钱数一样多），所以 t 一定是正整数。由于 $x<10$，所以，$z+8t<10$，其中 z 和 t 都是正整数，满足这一条件的 z 和 t 值是唯一的，它们都取1。

把 $z=1$，$t=1$ 代入前面的方程：

$$\begin{cases} x=z+8t \\ y=z+5t \end{cases}$$

可得出：$x=9$，$y=6$

再把 x、y、z 的值代入前面的方程组

$$\begin{cases} mx+n\,(10-x)=35 \\ my+n\,(16-y)=35 \\ mz+n\,(26-z)=35 \end{cases}$$

可得出：$m=3\dfrac{3}{4}=3.75$

$\qquad\quad n=1\dfrac{1}{4}=1.25$

也就是说，她们上午卖出的价格是3.75卢布，下午卖出的价格是1.25卢布。

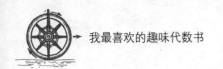

自由的数学思考

在上一节的题目中，共用到了3个方程，含有5个未知数，对于这个方程组，我们并未采用常规的方法，而是采用了自由的数学思考。其实，还有另外一种方法能够求解二次不定方程。下面，我们就来看一个例子。

【题目】有两个正整数，对它们进行如下4种运算：

1.相加

2.大数减去小数

3.相乘

4.小数除大数

把上面得到的所有结果相加，得出243。试问：这两个数分别是多少？

【解答】假设这两个数分别是x、y，其中$x>y$，则有：

$$(x+y)+(x-y)+xy+\left(\frac{x}{y}\right)=243$$

方程的两边都乘以y，并进行化简，得到：

$$x(2y+y^2+1)=243y$$

而，$2y+y^2+1=(y+1)^2$

所以，$x=\dfrac{243y}{(y+1)^2}$

由于x、y都是整数，所以$(y+1)^2$必须整除243。由于$243=3^5$，能整除243的平方数只有1、3^2、9^2。也就是说，$(y+1)^2$等于1、3^2、9^2，继而可求出：y等于2或8。

所以，$x=\dfrac{243\times8}{81}=24$，或$x=\dfrac{243\times2}{9}=54$

也就是说，这两个数是24和8，或54和2。

什么样的矩形

【题目】已知一个矩形的长和宽都是整数，且该矩形的周长值正好等于它的面积值。试问，这个矩形的长和宽分别是多少？

【解答】假设这个矩形的长和宽分别是x和y，则有：

$$2x+2y=xy$$

所以，$x=\dfrac{2y}{y-2}$

其中，x和y都是正整数，所以，（$y-2$）应该是大于0的整数，即$y>2$。

$$x=\dfrac{2y}{y-2}=\dfrac{2（y-2）+4}{y-2}=2+\dfrac{4}{y-2}$$

由于x是正整数，所以$\dfrac{4}{y-2}$也必须是整数。又因为$y>2$，所以，y只能取3、4或6，对应的x值是6、4或3。也就是说，这个题目有两个解：一个是长为6、宽为3的长方形，另一个是边长为4的正方形。

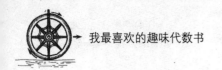

有趣的两位数

【题目】数字46和96有一个有趣的特性：如果把它们的十位数字和个位数字换位置，二者的乘积不变，即46×96=4416=64×69。我们来讨论一下，还有没有其他数也存在这样的特质？该如何找出来呢？

【解答】假设这样两个数的十位数字分别是x和z，个位数字分别为y和t，则有：

$$(10x+y)(10z+t)=(10y+x)(10t+z)$$

化简后得到：$xz=yt$

其中，x、y、z、t都小于10，且都是正整数。把满足上面条件的所有数列出来：

$$1×4=2×2$$

$$1×6=2×3$$

$$1×8=2×4$$

$$1×9=3×3$$

$$2×6=3×4$$

$$2×8=4×4$$

$$2×9=3×6$$

$$3×8=4×6$$

$$4×9=6×6$$

可见，一共有9种可能，每一种组合都能得到题目的一个解。

比如，1×4=2×2，我们可得：12×42=21×24

再如，1×6=2×3，我们可得：12×63=21×36或者13×62=31×26

一直这样进行下去，我们就能得到下面的解：

$$12 \times 42=21 \times 24$$

$$12 \times 63=21 \times 36$$

$$13 \times 62=31 \times 26$$

$$12 \times 84=21 \times 48$$

$$14 \times 82=41 \times 28$$

$$13 \times 93=31 \times 39$$

$$24 \times 63=42 \times 36$$

$$23 \times 64=32 \times 46$$

$$24 \times 84=42 \times 48$$

$$26 \times 93=62 \times 39$$

$$23 \times 96=32 \times 69$$

$$36 \times 84=63 \times 48$$

$$34 \times 86=43 \times 68$$

$$46 \times 96=64 \times 69$$

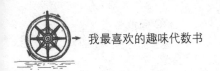

整数勾股弦数的特性

土地测量者在画垂线时，经常会用到一种简单又准确的方法，其步骤如下：

如图13所示：假设要过点A作一条垂直于MN的线，a是任意长度，先沿着AM的方向取a的3倍，再找一根绳子，在上面打三个结，使结与结之间的长度分别是4a和5a，然后把两端的结分别固定在点A和点B上，拉直绳子，另一个结所在的地方就是点C。这样就形成了直角三角形ABC，其中角A为直角。

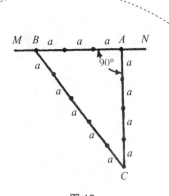

图13

这是一个很古老的方法，几千年前建造埃及金字塔的人就用过这个方法。它的原理很简单，如果三角形的边长之比为3：4：5，那它必然是直角三角形。根据勾股定理，很容易证明，因为：$3^2+4^2=5^2$。除了3、4、5，还有很多正整数a、b、c也满足下列等式：

$$a^2+b^2=c^2$$

由勾股定律，满足上述条件的a、b、c也被称为"勾股弦数"。其中，a、b称为三角形的"直角边"，也叫"勾"或"股"，c称为三角形的"斜边"，也叫"弦"。

显然，如果a、b、c是满足上面关系的整数，那么pa、pb、pc也满足上面的关系，这里的p是整数。反之，如果满足上面关系的a、b、c有一个共同的乘数，约掉这个乘数，就会得到另一组满足上述关系的整数。所以，这里只讨论最简单的勾股弦数，也就是互素的勾股弦数。

我们知道，在边长a、b、c中，直角边a、b肯定一个是偶数，一个是奇数。因为如果a、b都是偶数的话，那么(a^2+b^2)也必然是偶数，这样的话，a、b、c一定有公约数2，这与前面假设的a、b、c互素相矛盾。所以，在直角边a、b中，必定有一个是奇数。

那么，有没有可能，直角边a、b都是奇数，而斜边c是偶数呢？同样的方法可以证明，这也是不可能的。如果两个直角边a、b都是奇数，我们可以把它们表示为：

$(2x+1)$和$(2y+1)$

那么，它们的平方和就是：

$4x^2+4x+1+4y^2+4y+1$

$=4(x^2+x+y^2+y)+2$

如果把上面的结果用4除，会得到余数2。但我们知道，如果一个数是偶数，那它的平方一定能够被4整除。所以，这个平方数不会是一个偶数的平方。也就是说，如果a、b都是奇数的话，那么c也一定是奇数。

综上所述，在a、b、c中，直角边a、b必然有一个是奇数，一个是偶数，而斜边c必然是奇数。我们不妨假设直角边a是奇数，b是偶数，根据$a^2+b^2=c^2$，可得出：

$a^2=c^2-b^2=(c+b)(c-b)$

右边的两个乘数$(c+b)$和$(c-b)$互为素数。

对于上面的结论，我们可以用"反证法"来证明。

假设$(c+b)$和$(c-b)$有一个共同的素因数，那么：

两者的和：$(c+b)+(c-b)=2c$

两者的差：$(c+b)-(c-b)=2b$

两者的积：$(c+b)(c-b)=a^2$

应该都能够被这个素因数整除。换而言之，$2c$、$2b$、a^2有公因数。a为奇数，所以这个公因数不可能是2，也就是说，a、b、c应该有公因数，这与假设相矛盾。所以，$(c+b)$和$(c-b)$一定互为素数。

既然这两个数互为素数，它们的乘积又是某个数的平方，那它们自己也应该是某个数的平方，也就是说：

$$\begin{cases} c+b=m^2 \\ c-b=n^2 \end{cases}$$

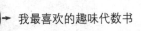

解这个方程组，可得：

$$\begin{cases} c=\dfrac{m^2+n^2}{2} \\ b=\dfrac{m^2-n^2}{2} \end{cases}$$

所以，$a^2=(c+b)\ (c-b)=m^2n^2$

$a=mn$

这样，就得出了a、b、c的值，它们是：

$$\begin{cases} a=mn \\ b=\dfrac{m^2-n^2}{2} \\ c=\dfrac{m^2+n^2}{2} \end{cases}$$

其中，m、n都是奇数，且互为素数。

反过来说，对于任意互为素数的奇数m和n，都能利用上面的公式得出整数勾股弦数a、b、c。下面列出了这样的一些勾股弦数：

$m=3$，$n=1$：$3^2+4^2=5^2$

$m=5$，$n=1$：$5^2+12^2=13^2$

$m=7$，$n=1$：$7^2+24^2=25^2$

$m=9$，$n=1$：$9^2+40^2=41^2$

$m=11$，$n=1$：$11^2+60^2=61^2$

$m=13$，$n=1$：$13^2+84^2=85^2$

$m=5$，$n=3$：$15^2+8^2=17^2$

$m=7$，$n=3$：$21^2+20^2=29^2$

$m=11$，$n=3$：$33^2+56^2=65^2$

$m=13$，$n=3$：$39^2+80^2=89^2$

$m=7$，$n=5$：$35^2+12^2=37^2$

$m=9$，$n=5$：$45^2+28^2=53^2$

$m=11$，$n=5$：$55^2+48^2=73^2$

$m=13$，$n=5$：$65^2+72^2=97^2$

$m=9$，$n=7$：$63^2+16^2=65^2$

$m=11$，$n=7$：$77^2+36^2=85^2$

从这些数可以看出，它们都是没有公因数的整数勾股弦数，且都小于100。

第六种运算——开方

对于加法和乘法而言，分别只有一种逆运算，也就是减法和除法。但是，对于第五种运算——乘方，却有两种逆运算：求底数和求指数。我们把求底数称为第六种运算，也叫开方；把求指数称为第七种运算，也叫对数。那么，为何乘方的逆运算有两种，而加法和乘法的逆运算只有一种呢？

这是因为，加法中的两个数的位置是能够互换的，乘法也一样。但是，乘方的底数和指数却不能互换，比如$3^5 \neq 5^3$。所以，对于加法和乘法来说，可以用同样的方法来求出这两个加数或乘数，但是乘方的底数和指数的求法是不同的。

对于第六种运算——开方，我们用符号"$\sqrt{}$"来表示。为什么用这个符号表示呢？其实，这个符号是拉丁文r的变形，在拉丁文中，r是"根"的首字母。16世纪时，人们表示根号用的是大写的拉丁字母R，且会在它的后面加上"平方"的首字母"q"，或是"立方"的首字母"c"，以此表示开几次方，比如：$\sqrt{4352}$，当时的写法是：$R.q.4352$。

此外，那时候的加号和减号也跟现在不同，而是分别用字母p和m表示，括号用"$\lfloor$"表示。所以，对于我们而言，那时候的代数公式看起来会很不习惯。

下面这个式子出现在古代数学家邦别利的书中：

$R.c.\lfloor R.q.4352p.16 \rfloor m.R.c.\lfloor R.q.4352m.16 \rfloor$

把它翻译成现在的代数语言，就是：

$$\sqrt[3]{\sqrt{4352+16}} - \sqrt[3]{\sqrt{4352-16}}$$

对于$\sqrt[n]{a}$，我们还可以把它表示成$a^{\frac{1}{n}}$，这个符号是由16世纪荷兰的著名数学家斯台文提出的。这种表示方法有利于概括问题，即可以把方根视为乘方，只不过这时候的指数是分数而已。

比较大小

【题目】$\sqrt[5]{5}$ 和 $\sqrt{2}$ 相比，哪个大？

【解答】对于这样的题目，我们不必计算出它们的数值，只要用代数的方法进行解答即可。

把上面的两个值都10次方，则有：

$$(\sqrt[5]{5})^{10}=5^2=25$$

$$(\sqrt{2})^{10}=2^5=32$$

很明显，25<32，所以：$\sqrt[5]{5}<\sqrt{2}$

【题目】$\sqrt[4]{4}$ 和 $\sqrt[7]{7}$ 相比，哪个大？

【解答】把上面的两个值都28次方，则有：

$$(\sqrt[4]{4})^{28}=4^7=2^{14}=2^7\times 2^7=128^2$$

$$(\sqrt[7]{7})^{28}=7^4=7^2\times 7^2=49^2$$

很明显，128>49，所以：$\sqrt[4]{4}>\sqrt[7]{7}$

【题目】$(\sqrt{7}+\sqrt{10})$ 和 $(\sqrt{3}+\sqrt{19})$ 相比，哪个大？

【解答】把上面的两个值都平方，则有：

$$(\sqrt{7}+\sqrt{10})^2=17+2\sqrt{70}$$

$$(\sqrt{3}+\sqrt{19})^2=22+2\sqrt{57}$$

两个式子都减去17，得到：

$$2\sqrt{70}，5+2\sqrt{57}$$

再把这两个值平方，得到：

$$280，253+20\sqrt{57}$$

再把两个值减去253，得到：

$$27和20\sqrt{57}$$

很明显，$\sqrt{57}>2$，

所以：$20\sqrt{57}>40>27$

进而：$\sqrt{7}+\sqrt{10}<\sqrt{3}+\sqrt{19}$

一看便知

【题目】观察下面的方程，x应该等于几？

$$x^{x^3}=3$$

【解答】如果你熟悉代数符号，可以很容易看出来：

$$x=\sqrt[3]{3}$$

因为当$x=\sqrt[3]{3}$时，$x^3=(\sqrt[3]{3})^3=3$

$$x^{x^3}=x^3=3$$

所以，$x=\sqrt[3]{3}$是方程的解。

如果你不能一眼就看出答案，也可以用下面的方法来求解。

设$x^3=y$，则$x=\sqrt[3]{y}$

代入上面的方程，可以得到：

$$(\sqrt[3]{y})^y=3$$

两边都3次方，则有：

$$y^y=3^3$$

显然，$y=3$

所以：$x=\sqrt[3]{y}=\sqrt[3]{3}$

代数喜剧

【题目】巧妙利用第六种运算，可以表演出一些代数喜剧来，就像下面的式子：

$2\times2=5$，$2=3$，…这样的情况妙就妙在人们都知道它是错的，却不知道究竟错在哪儿？下面，我们就来看看到底是怎么得出这些结果的。

先来看"$2=3$"。

比如，先在台上出现一个无可非议的等式：$4-10=9-15$

然后，在这个式子的两边都加上$6\frac{1}{4}$，得到：

$$4-10+6\frac{1}{4}=9-15+6\frac{1}{4}$$

然后，进行下面的变换：

$$2^2-2\times2\times\frac{5}{2}+\left(\frac{5}{2}\right)^2=3\times3-2\times3\times\frac{5}{2}+\left(\frac{5}{2}\right)^2$$

即：$\left(2-\frac{5}{2}\right)^2=\left(3-\frac{5}{2}\right)^2$

两边都开根号，得到：$2-\frac{5}{2}=3-\frac{5}{2}$

再在两边都加上$\frac{5}{2}$，则有：$2=3$

这是怎么回事呢？到底哪儿出了错？

【解答】可能已经有读者看出来了，前面的解答错在了这里：

对$\left(2-\frac{5}{2}\right)^2=\left(3-\frac{5}{2}\right)^2$开根号时，得出了：$2-\frac{5}{2}=3-\frac{5}{2}$

从两个数的二次方相等并不能推出两个数是相等的。比如，$(-5)^2=5^2$，但是很显然，$-5\neq5$。反过来说，如果两个数的符号不同，它们的平方也有可能相等。在这个例子中，就是这样的情况：$\left(-\frac{1}{2}\right)^2=\left(\frac{1}{2}\right)^2$，但是$-\frac{1}{2}\neq\frac{1}{2}$。

图14

我们再来看一个题目。

【题目】如图14所示，黑板上

得出了下面的结论：

$$2 \times 2 = 5$$

依然按照前面的方法来表演。

先在台上出现一个正确的等式：

$$16 - 36 = 25 - 45$$

再在这个式子的两边都加上$20\frac{1}{4}$：

$$16 - 36 + 20\frac{1}{4} = 25 - 45 + 20\frac{1}{4}$$

然后，进行下面的变换：

$$4^2 - 2 \times 4 \times \frac{9}{2} + \left(\frac{9}{2}\right)^2 = 5^2 - 2 \times 5 \times \frac{9}{2} + \left(\frac{9}{2}\right)^2$$

即：$\left(4 - \frac{9}{2}\right)^2 = \left(5 - \frac{9}{2}\right)^2$

两边都开根号，得到：$4 - \frac{9}{2} = 5 - \frac{9}{2}$

则有：$4 = 5$

即：$2 \times 2 = 5$

对于初学者来说，很容易犯这样的错误，以至于闹出上面的笑话。

Chapter6 二次方程

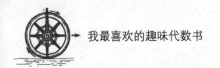

参加会议的人有多少

【题目】在一个会议上，所有的人都彼此握了手。据统计，这些人握手的总次数是66次，请问，参加会议的人有多少？

【解答】如果用代数的方法来解答这个题目，非常简单。

假设参加会议的人数是x，那么，每个人握手的次数就是（x-1），所以，握手的总次数就是x（x-1）。请注意：当甲握乙的手时，乙也握了甲的手，但在上面的总次数中，把这两次握手都算进去了。也就是说，握手的次数应该是x（x-1）的一半。所以，可以得到下面的方程：

$$\frac{x（x-1）}{2}=66$$

加以变换，得到：

$$x^2-x-132=0$$

解这个方程，得：$x=\dfrac{1\pm\sqrt{1+528}}{2}$

即：$x_1=12$，$x_2=-11$

显然，负数不符题意，可舍去。这样，就只剩下一个解：$x=12$，也就是说，参加会议的人有12个。

求蜜蜂的数量

在古印度时期，曾经流传着公开解答难题的竞赛。当时的数学教材甚至都以帮助人们赢得这样的竞赛为主要目的。其中，有一本教材中这样写道："根据这里介绍的方法，如果你足够聪明的话，完全能够想出来上千个其他题目。那些想出题目并进行解答的人，将会在比赛中赢得荣誉，就像太阳的光辉把星星的光芒比下去一样。"在原来的教材中，题目都是用韵文写的，下面就是从中摘录并翻译成现代语言的一道题目。

【题目】空中有一群蜜蜂在飞舞，其中有一些飞到了枸杞丛里，这些蜜蜂的数量等于总数一半的平方根；剩下的那些蜜蜂是总数的 $\frac{8}{9}$。另外，有一只蜜蜂独自在一朵莲花旁徘徊，它是被另一只陷入香花陷阱的同伴的叫声吸引过去

的。请问：这群蜜蜂一共有多少只？

【解答】假设这群蜜蜂一共有 x 只，可以列出下面的方程：

$$\sqrt{\frac{x}{2}}+\frac{8}{9}x+2=x$$

设 $\sqrt{\frac{x}{2}}=y$，则：$x=2y^2$

从而前面的方程变为：$y+\frac{16}{9}y^2+2=2y^2$

即：$2y^2-9y-18=0$

得出方程的两个解为：$y_1=6$，$y_2=-\frac{3}{2}$

由于 $y=\sqrt{\frac{x}{2}}$，所以，y 应该是正数，故把负数解舍去。

由 $\sqrt{\frac{x}{2}}=6$，得：$x=72$

这就是说，一共有72只蜜蜂。

那么，这个答案对不对呢？我们来验证一下。

$$\sqrt{\frac{72}{2}}+\frac{8}{9}\times72+2=6+64+2=72$$

可见，答案是正确的。

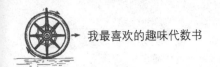

共有多少只猴子

【题目】下面再来看一个古印度的题目：

一群猴子真调皮，分为两队在嬉戏。

八分之一再平方，蹦蹦跳跳钻树林。

剩余十二吱吱叫，摇头摆尾乐开怀。

两队猴子真吵闹，算算一共有多少？

【解答】假设一共有 x 只猴子，则有：

$$(\frac{x}{8})^2+12=x$$

容易解得：$x_1=48$，$x_2=16$

两个解都符合题意，所以该题目有两个解，可能有48只猴子，也可能有16只猴子。

有先见之明的方程

在前面举的几个例子中，我们对方程的两个解做了不同的处理。第一个例子中，要求参加会议的人数，负数不符题意，故而舍去。第二个例子中，要求蜜蜂的数量，我们舍弃了分数解。第三个例子中，两个解都保留了。方程有时会起到一些意想不到的作用，能够帮助我们开拓思路。下面，我们就来举一个这样的例子。

【题目】垂直向上抛出一个皮球，它的初速度是25米/秒。那么，多长时间后，它距离抛出点20米？

【解答】对于垂直向上抛的物体，在不考虑空气阻力的情况下，有下面的关系：

$$h=vt-\frac{1}{2}gt^2$$

其中，h是物体达到的高度，v是初速度，g是重力加速度，t是物体从抛出开始经过的时间。在速度较慢的时候，空气阻力很小，通常可以忽略不计。为了简化计算，这里的重力加速度g取10米/秒^2，把题目中的值代入上面的式子，可得：

$$20=25t-\frac{10}{2}t^2$$

化简得到：$t^2-5t+4=0$

解得：$t_1=1$，$t_2=4$

答案告诉我们，皮球有两次出现在距抛物点为20米的地方，其中一次在抛出后1秒时，另一次在抛出后4秒时。乍一看，有点难以置信，有的人可能会把第二个解舍去。但其实，第二个解也是合乎题意的：向上抛皮球的时候，皮球确实有两次经过高度为20米的地方，一次是上升的时候，一次是下落的时候。如果深入分析的话，可以得出：当皮球抛出2.5秒时，它抵达了最高点，也就是距离抛出点31.25米的地方。皮球在抛出后1秒时达到20米的高度，然后又上升了1.5秒，达到最高点31.25米后开始下落，1.5秒后再一次到达20米的高度，又过了1秒，落回抛出点。

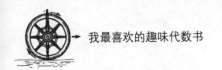

农妇卖蛋

欧拉的《代数引论》中，有这样一道题目：

【题目】两个农妇共带着100个鸡蛋到集市上卖。虽然她们的鸡蛋数量不一样多，但最后卖得的钱却是一样多。一个农妇对另一个农妇说："如果把你的鸡蛋给我卖，我可以卖15个铜板。"另一个农妇说："如果把你的鸡蛋给我卖，我只能卖 $6\frac{2}{3}$ 个铜板。"请问，她们分别带了多少个鸡蛋？

【解答】假设第一个农妇带了 x 个鸡蛋，则另一个带了（$100-x$）个。如果第一个农妇也卖第二个农妇的（$100-x$）个鸡蛋，她能够卖15个铜板，所以她卖鸡蛋的价格是每个 $\frac{15}{100-x}$ 个铜板。

同样的方法，可以得出第二个农妇卖鸡蛋的价格是每个 $\frac{6\frac{2}{3}}{x}=\frac{20}{3x}$ 个铜板。

于是，第一个农妇卖得的铜板数是：$x\times\frac{15}{100-x}=\frac{15x}{100-x}$

第二个农妇卖得的铜板数是：（$100-x$）$\times\frac{20}{3x}=\frac{20（100-x）}{3x}$

因为她们卖得的钱数相等，所以有：

$$\frac{15x}{100-x}=\frac{20（100-x）}{3x}$$

化简后，得到：$x^2+160x-8000=0$

解方程得：$x_1=40$，$x_2=-200$

显然，在本题中，负数解是没有意义的，故而舍去。这样，答案就出来了。第一个农妇带了40个鸡蛋，第二个农妇带了60个鸡蛋。

其实，这道题还有一个更简单的解法，但不是每个人都能想到。

假设第二个农妇带的鸡蛋是第一个的 k 倍，由于她们卖得的钱数相等，所以第

一个农妇卖出每个鸡蛋的价格是第二个的k倍。如果在卖鸡蛋之前，她们把鸡蛋进行了对换，那么第一个农妇手中的鸡蛋数就是第二个农妇的k倍，而她的卖价也是第二个的k倍，所以她卖得的钱数应该是第二个农妇的k^2倍，即：$k^2=15\div6\dfrac{2}{3}=\dfrac{45}{20}=\dfrac{9}{4}$，所以，$k=\dfrac{3}{2}$。

也就是说，第二个农妇的鸡蛋数是第一个农妇的$\dfrac{3}{2}$倍。很容易得出，第一个农妇带了40个鸡蛋，第二个农妇带了60个鸡蛋。

扩音器

【题目】如图15所示，广场上有两组扩音器：一组2个，另一组3个。两组之间的距离是50米。请问：哪个点的声音强弱是一样的？

【解答】设这个点到2个扩音器那一组的距离为x，那么它到另一组的距离就是（50−x），如图15所示。声音的强弱与距离的平方成反比，因而可得到下列方程：

$$\frac{2}{3} = \frac{x^2}{(50-x)^2}$$

化简可得：$x^2 + 200x - 5000 = 0$

解方程得：$x_1 \approx 22.5$，$x_2 \approx -222.5$

对于方程的第一个解，我们很容易理解，它说明所求的点位于两组扩音器

之间，且距离2个扩音器那一组大约22.5米，距离3个扩音器那一组大约27.5米。但是，方程还有一个负数解，这个解有没有意义呢？

其实，这个解也是有意义的。这里的负号表示，所求的点位于事先规定的正方向相反的方向上。也就是说，这个点位于2个扩音器那一组的左边大约222.5米处，此时这个点距离3个扩音器那一组大约222.5+50=272.5米。

通过上述方法，在连接扩音器的直线上找到了两个点，在这两个点上，声音的强弱是一样的。其实，不仅在这两个点上声音的强弱一样，在图15中阴影部分的圆周上，声音的强弱也是相同的。刚才的两个点之间的距离，就是这个圆周的直径。此外，还可以得出，在图中的阴影部分，2个扩音器那组的声音要强一些，而在这个阴影之外，3个扩音器那组的声音强一些。

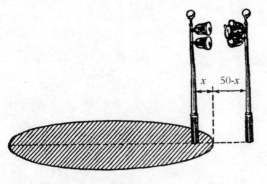

图15

火箭飞向月球

前面我们讨论了扩音器的题目，这个问题跟火箭飞向月球的问题有很多相似的地方。可能很多人会觉得，讨论太空中某个微小物体的运动，一定是很复杂的。其实不然，当火箭向月球飞行的时候，只要保证它能飞过地球和月球对它的引力相等的那个点就行了。在后面的飞行中，火箭就会在月球的引力作用下朝着月球飞去。下面，我们就来找找这个点。

根据牛顿定律，两个物体间的引力与它们质量的乘积成正比，跟它们距离的平方成反比。如图16所示，设地球的质量为M，火箭与它的距离为x，那么地球对单位质量（单位：克）火箭的引力为：$\dfrac{Mk}{x^2}$。其中，k表示1克质量和另1克质量在距离为1厘米时的引力。

同样，我们还可以得出月亮对每克火箭的引力为：$\dfrac{mk}{(l-x)^2}$。其中，m代表月球的质量，l代表月球和地球之间的距离。需要说明的是，这里假设火箭在地球和月球的连线上。

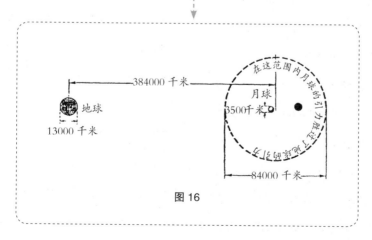

图 16

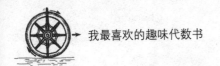

根据题意，可以得出：

$$\frac{Mk}{x^2} = \frac{mk}{(l-x)^2}$$

$$\frac{M}{m} = \frac{x^2}{l^2 - 2lx + x^2}$$

根据已知的内容，我们可知：

$$\frac{M}{m} = 81.5$$

把这个结果代入上面的式子，则有：

$$\frac{x^2}{(l-x)^2} = 81.5$$

化简可得：$80.5x^2 - 163lx + 81.5l^2 = 0$

解方程得：$x_1 = 0.9l$，$x_2 = 1.12l$

与前面扩音器的问题一样，对于这两个解的意义，我们也可以这样来解释。

在月球和地球的连线上，存在着这样的两个点。在这两个点上，地球和月球对火箭的引力相等。其中，第一个点位于地球和月球之间，距离地球中心相当于月地距离0.9倍的地方；另一个点位于它们连线的延长线上，距离地球中心相当于月地距离1.12倍的地方，也就是说，这个点和地球位于月球的两边。由于月地距离约为384000千米，所以第一个点距离地球中心346000千米，第二个点距离地球中心约430000千米。

根据前一节的例子，如果以这两个点为直径做一个球面，那么在球面上的任一点，地球和月球对火箭的引力都

是相等的。也就是说，这些点也符合题目的要求。我们可以得出这个球的直径是：$1.12l - 0.9l = 0.22l \approx 84000$千米。

有的读者可能会错误地认为，只要火箭落入月球引力的范围，它就会朝着月球飞去。换而言之，只要火箭进入月球的引力范围，就一定会落到月球表面，在这个范围内月球的引力大于地球的引力。如果这是真的，那么关于飞向月球的问题就很好解决了。

但是，这个结论是错的，想要证明这一点并不难。

火箭从地球发射升空后，在地球引力的作用下，速度会减慢。假设当它到达月球引力的范围时速度降到了零，那就不可能继续朝着月球飞去了。当火箭飞到月球的引力范围之内时，它仍然会受到地球引力的作用。所以，当火箭飞到地球和月球的连线之外时，它需要克服的不仅仅是地球引力，而是根据平行四边形法则形成的一个合力，这个合力不直接指向月球。

此外，月球不是固定不动的，它一直在变换位置。此时，我们就要考虑火箭相对于月球的运动速度了。月球绕地

球的旋转速度是1千米/秒，而火箭对月球的相对速度不能为零。所以，相对于月球而言，火箭的运动速度必须足够大，才能确保月球对火箭的引力足够大，此时的火箭就相当于月球的一颗卫星。

当火箭到达月球引力的范围时，月球引力才会对火箭产生作用。火箭在空间飞行时，只有进入月球的影响范围，也就是抵达半径为66000千米的球形范围时，才需要考虑月球引力的影响。此时，地球的引力可以忽略不计，只考虑月球的引力即可。当然，此时的火箭就会朝着月球飞去。所以，想让火箭朝着月球飞去，并不是只进入那个直径84000千米的球形范围那么简单。

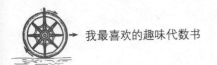

画中的"难题"

图17

【题目】如图17所示，这是波格丹诺夫·别尔斯基的一幅名画，名叫《口算》。有些读者可能知道它，但是看过这幅画的人不一定能够深入了解图中的"难题"。这个所谓的"难题"就是，要人们利用口算很快地算出下面式子的值：

$$\frac{10^2+11^2+12^2+13^2+14^2}{365}$$

这个题目看起来并不容易解答，但是对于画中的拉金斯基所教的学生而言，这个题目并不难。拉金斯基是一位自然科学领域的教授，他放弃了大学教授的职位，自愿到乡村做一名普通的数学教师。他在学校的时候学过口算，深谙数的性质。他发现，10、11、12、13、14有下面的性质：

$$10^2+11^2+12^2=13^2+14^2$$

而$10^2+11^2+12^2=365$，所以，对于前面的分式，可以很容易得出答案，结果是2。

恰恰是代数方法，让数的一些有趣特性得以推广。读者可能会问：除了前面的5个数字，还有没有其他的连续整数，也满足这一特性呢？

【解答】我们不妨假设这种可能是存在的，设其中的一个数为x，那么，就能够列出下面的方程：

$$x^2+(x+1)^2+(x+2)^2=(x+3)^2+(x+4)^2$$

这个方程求解时有些复杂，所以我们不妨设第二个数为x，于是得到方程：

$$(x-1)^2+x^2+(x+1)^2=(x+2)^2+(x+3)^2$$

化简后可得：$x^2-10x-11=0$

解方程得：$x_1=11$，$x_2=-1$

也就是说，满足这一条件的数有两组，分别是：

10、11、12、13、14

−2、−1、0、1、2

事实上，$(-2)^2+(-1)^2+0^2=1^2+2^2$

所以，这组数也满足题目的要求。

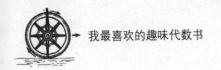

找出3个数

【题目】找出3个相邻的数，让中间的那个数的平方比另外两个数的乘积多1。

【解答】设第一个数为x，可列出方程：$(x+1)^2=x(x+2)+1$

化简可得：$x^2+2x+1=x^2+2x+1$

显然，这是一个恒等式。也就是说，对于任何数值，这个等式都成立。换而言之，任何相邻的3个整数，都有上面的性质。举个例子来说，任取3个整数：17、18、19，则有：$18^2-17\times19=324-323=1$。

其实，如果假设中间的那个数是x，很容易得出上面的结论，因为：

$$x^2-1=(x-1)(x+1)$$

显然，这是一个恒等式。

Chapter7
最大值和最小值

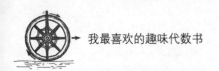
两列火车的最近距离

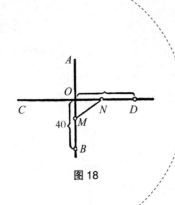

图 18

在本章中，我们将讨论一些有意思的题目，即求最大值或最小值。对于这类题目的求解，方法有很多，这里只介绍其中的一种。

数学家切比舍夫在其著作《地图绘制》一书中写道："有一种方法具有特殊的意义，它帮助人们解答了最普遍和最实际的问题，即如何实现利益的最大化。"

【题目】有两条垂直相交的铁路线，两列火车同时朝着交点开来。其中一列火车的出发点距离交点40千米，另一列火车的出发点距离交点50千米。已知前面一列火车的速度是800米/分钟，后面一列火车的速度是600米/分钟。那么，从它们出发开始算起，多长时间后这两列火车的车头距离最近，这个最近的距离又是多少呢？

【解答】我们可以先画一下示意图。如图18所示，直线AB和CD代表这两条铁路，两列火车分别从点B和点D出发，朝着点O的方向开动。假设两列火车在开出x分钟后车头距离最近，并设这个距离为MN=m。那么，从点B出发的火车所走的路程是BM=0.8x千米，所以：OM=40-0.8x。同理，可求得ON=50-0.6x。

根据勾股定理，可以得到：

$$MN=m=\sqrt{OM^2+ON^2}=\sqrt{(40-0.8x)^2+(50-0.6x)^2}$$

对方程$m=\sqrt{(40-0.8x)^2+(50-0.6x)^2}$进行简化，可得：

$$x^2-124x+4100-m^2=0$$

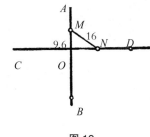

图 19

解方程, 得:

$$x=62\pm\sqrt{m^2-256}$$

因为 x 是经过的时间, 所以不可能为虚数, 因此 m^2-256 肯定不小于0, 即 $m^2\geq256$。要求 m 的最小值, 只有当 $m^2=256$ 时, m 的最小值为16。此时, x 的值为62。即, 当两列火车开出62分钟时, 它们的车头距离最近, 这个距离是16千米。

下面, 我们来求一下此时车头的位置。很容易得出:

$$OM=40-0.8x=40-0.8\times62=-9.6$$

$$ON=50-0.6x=50-0.6\times62=12.8$$

这就是说, 此时第一列火车已经越过交叉点, 它离交叉点的距离是9.6千米。第二列火车此时尚未到达交叉点, 它离交叉点的距离是12.8千米。如图19所示, 点 M 和 N 就是此时两列火车的正确位置, 这与一开始画的示意图完全不同。可见, 由于正负号的存在, 方程帮我们纠正了错误。

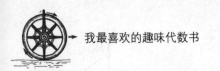

车站应该设在哪里

【题目】如图20所示，在一条铁路线的一边有一座村庄B，它距离铁路线20千米。现在，要在铁路线上设一座车站C，使得沿铁路AC和沿公路CB，即从点A到点B所用的时间最短。已知火车的速度是0.8千米/分钟，步行沿着公路行进的速度是0.2千米/分钟。请问，车站C应该设在哪里？

【解答】设图中的距离AD为a，距离CD为x，则：

$$AC=AD-CD=a-x$$

$$CB=\sqrt{CD^2+BD^2}=\sqrt{x^2+20^2}$$

乘火车从点A到车站C的时间为：

$$\frac{AC}{0.8}=\frac{a-x}{0.8}$$

步行从车站C到村庄B的时间为：

$$\frac{CB}{0.2}=\frac{\sqrt{x^2+20^2}}{0.2}$$

从点A到点B所用的总时间就是：

$$\frac{a-x}{0.8}+\frac{\sqrt{x^2+20^2}}{0.2}$$

问题就变成了，求上式的最小值。

设：

$$\frac{a-x}{0.8}+\frac{\sqrt{x^2+20^2}}{0.2}=m$$

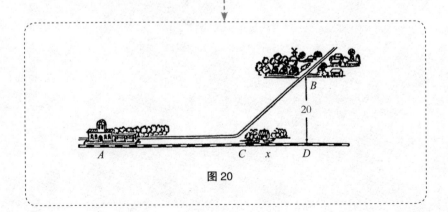

图20

变形后得到：

$$\frac{-x}{0.8}+\frac{\sqrt{x^2+20^2}}{0.2}=m-\frac{a}{0.8}$$

等式两边同乘以0.8，得：

$$-x+4\sqrt{x^2+20^2}=0.8m-a$$

再设$k=0.8m-a$，化简后得到下面的方程：

$$15x^2-2kx+6400-k^2=0$$

解方程得：

$$x=\frac{k\pm\sqrt{16k^2-96000}}{15}$$

由于$k=0.8m-a$，所以当m取最小值的时候，k也取最小值，反之亦如是。由于x必须是实数，所以（$16k^2-96000$）应该不小于0。也就是说，$16k^2$的最小值是96000，此时：

$$16k^2=96000$$

当$k=\sqrt{6000}$时，m的值最小。

此时，

$$x=\frac{k\pm0}{15}=\frac{\sqrt{6000}}{15}\approx5.16$$

所以，这个车站C应该设在距离点D大约5千米的地方。

在上述分析过程中，并未考虑a的大小，在一开始我们就假设$a>x$，所以只有当$a>x$时，方程的解才有意义。如果$x=a\approx5.16$，或$a<5.16$千米，那么根本不需要设置车站C，只要沿公路从点A到点B就行了。

在本题中，我们比方程考虑得更周全一些。如果只是一味地信任方程，就会在$x=a$的情况下继续在车站A的旁边设一个车站C，这根本就是笑话。因为在这样的情况下，$x>a$，乘坐火车的时间成了负数。这个题目提醒读者：在利用数学工具解答实际问题的时候，一定要很小心，千万不能脱离实际。否则的话，就会得出让人啼笑皆非的结果。

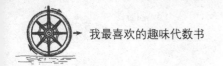
如何确定公路线

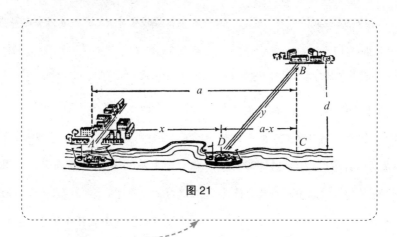

图 21

【题目】如图21所示，有一批货物要从河边的城市A运到下游方向的点B处，已知点B在河下游a千米的地方，且距离河岸d千米。假设水路的运费是公路的一半，现在想在点D处修一条公路通往点B，使得从城市A到点B的运费最少。那么，点D应该选在什么地方？

【解答】设距离$AD=x$，公路的长度$BD=y$。由题意可知，$AC=a$，$BC=d$。公路的运费是水路的2倍，要求总的运费最小，就等于是求（$x+2y$）的最小值。

已知，$x=a-DC$，而$DC=\sqrt{y^2-d^2}$。

设$x+2y=m$，则有：

$$a-\sqrt{y^2-d^2}+2y=m$$

去掉根号，得：

$$3y^2-4（m-a）y+（m-a）^2+d^2=0$$

解方程，得：

$$y=\frac{2}{3}（m-a）\pm\frac{\sqrt{（m-a）^2-3d^2}}{3}$$

由于y必须是实数，所以

$$（m-a）^2\geqslant 3d^2$$

因此，$（m-a）^2$的最小值是$3d^2$，此时：

$$m-a=\sqrt{3}\,d$$

$$y=\frac{2\,(m-a)}{3}=\frac{2\sqrt{3}}{3}d$$

在图21中，$\sin\angle BDC=\dfrac{d}{y}$，即：

$$\sin\angle BDC=\frac{d}{y}=\frac{d}{\dfrac{2\sqrt{3}}{3}d}=\sqrt{\frac{3}{2}}$$

所以，$\angle BDC=60°$，也就是说，无论 a 多长，只要使公路与河的夹角成

60° 就行了。

在这个题目中，我们遇到了和前面一样的问题，方程的解只在某些条件下才有意义。如果城市 A 和点 B 的连线与河的夹角为60°，根本不需要水路运输，直接在城市 A 和点 B 之间修一条公路就行了。

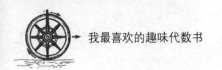

何时乘积最大

很多求变数的最大值或最小值的题目，都可以利用代数定理来求解，这一小节中我们就将介绍这一定理。在此之前，我们先来看下面的题目。

【题目】两个数的和一定，要想它们的乘积最大，这两个数应该分别是多少？

【解答】设两个数的和为 a，则所求的两个数可以表示为：

$$\left(\frac{a}{2}+x\right) \text{ 和 } \left(\frac{a}{2}-x\right)$$

其中，x 表示每个数与 $\frac{a}{2}$ 的差。那么，两者的乘积就是：

$$\left(\frac{a}{2}+x\right)\left(\frac{a}{2}-x\right)=\frac{a^2}{4}-x^2$$

显然，x 越小，这个乘积就越大。当 $x=0$ 时，也就是两个数相等时，它们的乘积最大。

接下来，我们再来看3个数的情形。

【题目】设3个数之和为 a，如何分成3个数才能使它们的乘积最大？

【解答】对于这个题目，我们还要用到前面题目的结论。

假设分成的3个数互不相等，也就是说，每个数都不等于 $\frac{a}{3}$，那么这3个数中必定有一个大于 $\frac{a}{3}$，设这个数为：

$$\frac{a}{3}+x$$

同理，这3个数中必定有一个小于 $\frac{a}{3}$，设这个数为：

$$\frac{a}{3}-y$$

其中，x 和 y 都是正数，显然，第三个数就是：

$$\frac{a}{3}+y-x$$

由于 $\frac{a}{3}$ 与 $\left(\frac{a}{3}-y+x\right)$ 的和等于 $\left(\frac{a}{3}+x\right)$ 与 $\left(\frac{a}{3}-y\right)$ 的和，而前面两个数的差是 $(x-y)$，小于后面两个数的差 $(x+y)$。那么，根据上一题目的结论，有：

$$\frac{a}{3}\left(\frac{a}{3}-y+x\right)>\left(\frac{a}{3}+x\right)\frac{a}{3}-y$$

这样的话，如果把 $\frac{a}{3}$ 和 $\left(\frac{a}{3}-y+x\right)$ 换成 $\left(\frac{a}{3}+x\right)$ 和 $\left(\frac{a}{3}-y\right)$，第三个数不变，那么，它们的乘积就会增加。

现在，假设其中一个数为 $\frac{a}{3}$，另外的两个数就可以表示为：

$$\left(\frac{a}{3}+z\right) 和 \left(\frac{a}{3}-z\right)$$

如果这两个数也等于 $\frac{a}{3}$，那么，它们的乘积就会更大。这时的乘积等于：

$$\frac{a}{3}\times\frac{a}{3}\times\frac{a}{3}=\frac{a^3}{27}$$

换句话说，如果把 a 分成互不相等的3个数，它们的乘积一定比上面的乘积小。而将 a 平均分成3部分时，它们的乘积最大。同理，可以证明4个数、5个数，甚至更多数的情况。它们都是在各部分相等的时候乘积最大。

下面，我们来讨论更一般的情形。

【题目】如果 $x+y=a$，那么当 x 和 y 各取什么值时，$x^p y^q$ 的值最大？

【解答】本题其实就是求 x 为何值时，式子 $x^p(a-x)^q$ 的值最大。

将上式乘以 $\frac{1}{p^p q^q}$，得到：

$$\frac{x^p}{p^p}\times\frac{(a-x)^q}{q^q}$$

显然，当这个式子的值最大时，前面的式子取到最大值。

对上式进行以下变换：

$$\underbrace{\frac{x}{p}\times\frac{x}{p}\times\cdots\times\frac{x}{p}}_{p次}\underbrace{\frac{a-x}{q}\times\frac{a-x}{q}\times\cdots\times\frac{a-x}{q}}_{q次}$$

上面所有乘数的和

$$\underbrace{\frac{x}{p}+\frac{x}{p}+\cdots+\frac{x}{p}}_{p次}+\underbrace{\frac{a-x}{q}+\frac{a-x}{q}+\cdots+\frac{a-x}{q}}_{q次}$$

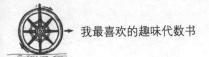
$$=\frac{px}{p}+\frac{q(a-x)}{q}=x+a-x=a$$

显然，它们的和为常数。

根据前面的分析，我们可以得出一个结论：当各个乘数相等的时候，它们的

乘积

$$\underbrace{\frac{x}{p}\times\frac{x}{p}\times\cdots\times\frac{x}{p}}_{p次}\times\underbrace{\frac{a-x}{q}\times\frac{a-x}{q}\times\cdots\times\frac{a-x}{q}}_{q次}$$

取得最大值，即 $\frac{x}{p}=\frac{a-x}{q}$ 时，上面的乘积最大。

由于 $a-x=y$，所以可得到下面的式子：

$$\frac{x}{y}=\frac{p}{q}$$

也就是说，当 x 和 y 满足上述关系时，$x^p y^q$ 取得最大值。

同理，也可以证明：

如果 $(x+y+z)$ 保持不变，$x^p y^q z^r$ 在 $x:y:z=p:q:r$ 时取得最大值；

如果 $(x+y+z+t)$ 保持不变，$x^p y^q z^r t^u$ 在 $x:y:z:t=p:q:r:u$ 时取得最大值；

……

什么情况下和最小

如果读者想要验证自己对代数定理的证明能力，不妨试着证明下面的命题：

（1）如果两个数的乘积一定，那么当两数相等的时候，它们的和最小。

举个例子，如果两个数的乘积是36，那么这两个数可能是4和9，也可能是3和12，2和18，或者是1和36，等等。当这两个数都为6的时候，它们的和是12，是最小的，其他的和都大于12：4+9=13，3+12=15，2+18=20，1+36=37，等等。

（2）如果几个数的乘积一定，那么当这几个数相等时，它们的和最小。

举个例子，如果3个数的乘积是216，那么这3个数可能是3、12、6，也可能是2、18、6，还可能是9、6、4，等等。当这3个数都为6的时候，它们的和为18，是最小的，其他的和都大于18：3+12+6=21，2+18+6=26，9+6+4=19，等等。

下面，通过一些实际的例子来说明这些命题的应用。

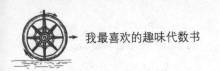

什么形状的方木梁体积最大

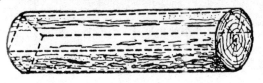

图22

【题目】如图22所示，如果想把图中的圆木锯成一根方木梁，怎样锯才能使方木梁的体积最大？

【解答】设锯成的方木梁的矩形截面的两边长分别是x和y，根据勾股定理，有下面的关系：$x^2+y^2=d^2$。其中，d是圆木的直径。显然，当方木梁的截面面积最大时，它的体积最大。也就是说，当xy取最大值的时候，体积最大。

当xy最大时，x^2y^2也最大，根据前面的式子，(x^2+y^2)是定值，所以当$x^2=y^2$时，x^2y^2最大。换而言之，当$x=y$时，xy最大。也就是说，方木梁的截面应该是正方形。

两块土地的问题

【题目】（1）一块面积为定值的矩形地块，当它是什么形状时，周围的篱笆最短？

（2）一块矩形地块，周围的篱笆长度为定值，当它是什么形状时面积最大？

【解答】（1）设矩形地块的两个边分别是x和y，它的面积则为xy，周围的篱笆长度是（$2x+2y$）。根据之前的结论，由于xy是定值，所以当$x=y$时，（$x+y$）最小，从而（$2x+2y$）也最小。

这就是说，地块的形状应该是正方形。

（2）设矩形的两边分别为x和y，则周围篱笆的长度为（$2x+2y$），面积为xy。根据之前的结论，由于（$2x+2y$）是定值，所以，当$2x=2y$时，$2x \times 2y$的值最大，即当$x=y$时，xy取最大值。此时，地块的形状为正方形。

从这个两题目中，我们可以得出下面的结论：在所有面积相等的矩形中，正方形的周长是最短的；在所有周长相等的矩形中，正方形的面积是最大的。

什么形状的风筝面积最大

【题目】一个扇形的风筝，周长是固定的，当它是什么形状时面积最大？

【解答】这个题目实际上是在求，对于周长为定值的扇形，弧长和半径分别取多大时，它的面积最大？

如图23所示，设扇形的半径为x，弧长为y，它的周长L为：

$$L=2x+y$$

所以，它的面积为：

$$S=\frac{xy}{2}=\frac{x（L-2x）}{2}$$

题目即求：当x取何值时，S取最大值。

由于$2x+（L-2x）=L$为定值，所以，$2x（L-2x）$在$2x=L-2x$时取最大值。换句话说，当$x=\frac{L}{4}$，$y=L-2x=L-2\times\frac{1}{4}=\frac{L}{2}$时，$2x（L-2x）$取最大值，也就是$x（L-2x）$取最大值，从而$S$取最大值。

综上所述，对于周长为定值的扇形，当半径为弧长的一半时，它的面积最大。此时，还能够进一步求出扇形的角大概是115°，约为2弧度。当然，这样的风筝究竟能不能飞起来，不是我们讨论的问题。

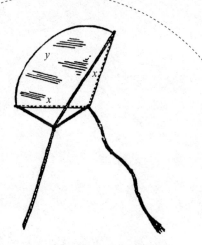

图23

修建房子

【题目】一栋房子只剩下了一堵墙，现在要在此基础上建造新房子。已知这堵墙的长度是12米，要求新房的面积达到112平方米。此外，现在的经济条件如下：

（1）修理1米旧墙的费用是建新墙的25%；

（2）如果拆掉旧墙，用旧料建新墙，那么每米的费用是用新料建造新墙的50%。

请问：怎样利用这堵墙最划算？

【解答】设旧墙保留了x米，也就是原来长12米的边长，现在变成了x米，另外一个边长为y米。那么，拆掉的长度就是12-x米，并把拆掉的旧料用到新墙的建造上，如图24所示。

设用新料建每米新墙的费用为a，那么修理x米旧墙的费用就是$\frac{ax}{4}$，用旧料建（12-x）米新墙的费用是$\frac{a（12-x）}{2}$；其他费用为$a[y-（12-$

$x）]$；第三面墙的建造费用为ax；第四面墙的费用为ay。全部的费用就是：

$$\frac{ax}{4}+\frac{a（12-x）}{2}+a[y-（12-x）]$$
$$+ax+ay=\frac{a（7x+8y）}{4}-6a$$

显然，当（7x+8y）取最小值时，上式的值最小。

由于房子的面积为112平方米，也就是xy=112，所以有：

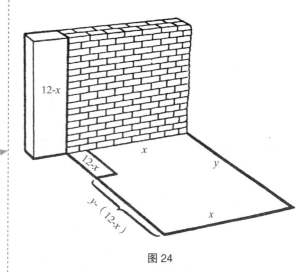

图24

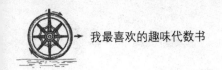

$$7x \times 8y = 56 \times 112$$

这时，$7x$和$8y$的乘积是定值，所以，当$7x=8y$时，（$7x+8y$）的值最小。

也就是说，当$y=\dfrac{7}{8}x$时，费用最少。

把上式代入$xy=112$，可以得到：$\dfrac{7}{8}x^2=112$

所以，$x=\sqrt{128}\approx11.3$

也就是说，拆掉的旧墙的长度应该是$12-x=12-11.3=0.7$米。

何时圈起的面积最大

【题目】盖房子的时候，需要先用栅栏把工地圈起来。现在，手里的材料只能够做 L 米长的栅栏。此外，有一段旧墙可以利用，作为栅栏的一个边，如图25所示。那么，怎样做才能使圈起来的面积最大？

【解答】设用了这段旧墙的 x 米作为栅栏的一条边，栅栏的宽度是 y 米。那么，需要的新栅栏的长度就是（$x+2y$）米，所以有：$x+2y=L$；围起来的面积是：$S=xy=y（L-2y）$，现在要求 S 的最大值。

由于 $2y+（L-2y）=L$ 为定值，所以，当 $2y=L-2y$ 时，$2y（L-2y）$ 取最大

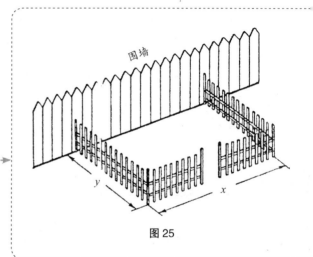

图25

值，从而 S 也取最大值。很容易得出，此时，$y=\dfrac{L}{4}$，$x=L-2y=\dfrac{L}{2}$。也就是说，当 $x=\dfrac{L}{2}$，$y=\dfrac{L}{4}$ 时，圈起来的面积最大。

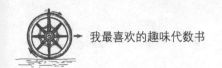
何时截面积最大

【题目】如图26所示，这是一块矩形铁片，现在想把它做成一个截面为等腰梯形的槽。从图27和图28可见，这种槽的样子很多。请问，要如何做这个槽，才能使它的截面积最大？

【解答】设铁片的宽度为1，槽侧面的宽度为x（即截面等腰梯形的腰长为x），底面的宽度为y，并引入未知数z来表示如图29所示的部分。

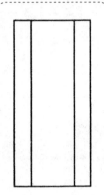

图 26

槽的截面为梯形，其面积为：

$$S=\frac{(z+y+z)+y}{2}\sqrt{x^2-z^2}=\sqrt{(y+z)^2(x^2-z^2)}$$

现在的问题就变成，求出x、y、z的值，使面积S最大。另外，这里的$2x+y=L$为定值。

对上面的等式进行变换，得：

$$S^2=(y+z)^2(x+z)(x-z)$$

等式两边同乘以3，得：

图 27

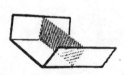

图 28

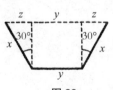

图 29

$$3S^2=(y+z)^2(x+z)(3x-3z)$$

从上式可以看出，右边的4个乘数之和为：

$$(y+z)+(y+z)+(x+z)+(3x-3z)=2y+4x=2L$$

即为定值。根据之前的结论，当这4个乘数相等时，它们的乘积最大。

即：

$$y+z=x+z$$

$$y+z=3x-3z$$

得出：

$$x=y=\frac{L}{3}$$

$$z=\frac{x}{2}=\frac{L}{6}$$

从图29可以看出，在两个三角形中，直角边z为斜边x的一半，所以直角边z对应的角为30°，从而梯形的腰跟底边的夹角为120°。也就是说，当槽的截面刚好是正六边形的3个相邻边时，槽的截面积最大。

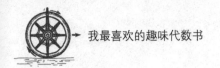

何时漏斗的容量最大

【题目】如图30所示，要用圆形铁片做一个漏斗，需要切掉一个扇形。试问，切去的这个扇形内角应该是多少度，才能使做成的漏斗容量最大？

【解答】设切掉的扇形弧长为x，半径为R，则做成的圆锥形漏斗的母线也是R，漏斗的底面周长为x。从而漏斗的底面半径r为：

$$r=\frac{x}{2\pi}$$

根据勾股定理，圆锥的高为：

$$H=\sqrt{R^2-r^2}=\sqrt{R^2-\frac{x^2}{4\pi^2}}$$

所以，圆锥的体积为：

$$V=\frac{\pi r^2 H}{3}=\frac{\pi}{3}\left(\frac{x}{2\pi}\right)^2\sqrt{R^2-\frac{x^2}{4\pi^2}}$$

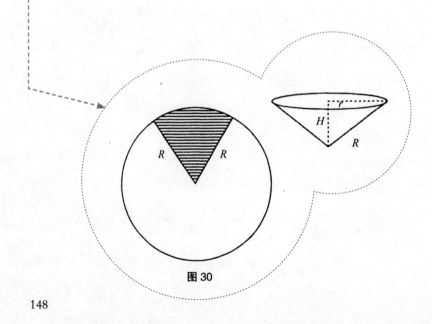

图30

等式两边平方，并除以 $(\dfrac{\pi}{3})^2$，再乘以2，得：

$$\dfrac{18V^2}{\pi^2}=(\dfrac{x}{2\pi})^4\left[2R^2-2(\dfrac{x}{2\pi})^2\right]=(\dfrac{x}{2\pi})^2(\dfrac{x}{2\pi})^2\left[2R^2-2(\dfrac{x}{2\pi})^2\right]$$

上式右边的3个乘数满足下面的关系：

$$(\dfrac{x}{2\pi})^2+(\dfrac{x}{2\pi})^2+\left[2R^2-2(\dfrac{x}{2\pi})^2\right]=2R^2$$

这是一个定值。根据前面的结论，当 $(\dfrac{x}{2\pi})^2=2R^2-2(\dfrac{x}{2\pi})^2$ 时，上面的式子取得最大值。此时：

$$3(\dfrac{x}{2\pi})^2=2R^2$$

容易得出

$$x=\dfrac{2\sqrt{6}}{3}\pi R\approx5.15R$$

如果换算成弧度，大约是295°，即切掉的扇形内角应该为：

$$360°-295°=65°$$

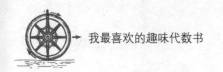

这样才能将硬币照得最亮

【题目】如图31所示，桌子上放着一枚硬币，旁边点着一根蜡烛。当火焰离桌面多高时，可以把硬币照得最亮？

【解答】有的读者可能会认为，想把硬币照得最亮，只要火焰足够低就行了。其实不是这样的，如果火焰太低的话，光线就会斜着照到硬币上。反过来，如果把蜡烛抬高，火焰又会远离硬币。所以，想把硬币照得最亮，就要把火焰放在适当的高度。

设火焰的高度为x，火焰的投影C到硬币B的距离为a，火焰的广度为i。根据光学定律，硬币的光度为：

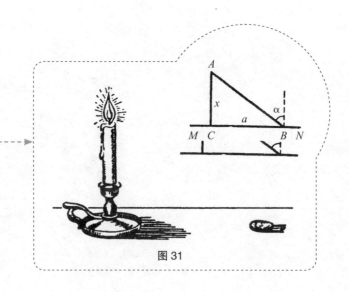

图31

$$\frac{i}{AB^2}\cos\alpha=\frac{i\cos\alpha}{\left(\sqrt{a^2+x^2}\right)^2}=\frac{i\cos\alpha}{a^2+x^2}$$

其中，α是光线AB和桌子垂线的夹角，也就是投射角。

所以：

$$\cos\alpha=\cos A=\frac{x}{AB}=\frac{x}{\sqrt{a^2+x^2}}$$

于是，前面的式子

$$\frac{i\cos\alpha}{a^2+x^2}=\frac{i}{a^2+x^2}\cdot\frac{x}{\sqrt{a^2+x^2}}=\frac{ix}{(a^2+x^2)^{\frac{3}{2}}}$$

的平方为：

$$\frac{i^2x^2}{(a^2+x^2)^3}=i^2\cdot\frac{a^2+x^2-a^2}{(a^2+x^2)^3}=i^2\cdot\frac{1}{(a^2+x^2)^2}\left(1-\frac{a^2}{a^2+x^2}\right)$$

上式中的i是常数，可不考虑，只考虑剩余部分

$$\frac{1}{(a^2+x^2)^2}\left(1-\frac{a^2}{a^2+x^2}\right)$$

将上式乘以a^4，并不影响乘积取最大值时x的取值，所以：

$$\frac{a^4}{(a^2+x^2)^2}\cdot\left(1-\frac{a^2}{a^2+x^2}\right)=\left(\frac{a^2}{a^2+x^2}\right)^2\cdot\left(1-\frac{a^2}{a^2+x^2}\right)$$

而

$$\frac{a^2}{a^2+x^2}+\left(1-\frac{a^2}{a^2+x^2}\right)=1$$

是一个定值，根据前面的结论，当

$$\frac{a^2}{a^2+x^2}:\left(1-\frac{a^2}{a^2+x^2}\right)=2:1$$

时，前面的乘积取最大值。即：

$$\frac{a^2}{a^2+x^2}=2\left(1-\frac{a^2}{a^2+x^2}\right)$$

化简后，得：

$$a^2=2\left[(a^2+x^2)-a^2\right]$$

解这个方程，得：

$$x=\frac{a}{\sqrt{2}}\approx0.71a$$

也就是说，当蜡烛的火焰离桌面的高度为火焰的投影到硬币距离的0.71倍时，硬币被照得最亮。这对于舞台灯光的设置有重要的借鉴意义。

Chapter8
级数

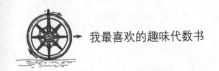

最古老的级数

级数是一个古老的问题。2000多年以前，国际象棋的发明者提出了报酬的问题，但这还不是最古老的。在埃及著名的林德氏草纸本中，有一个分面包的问题，这更加古老。这个草纸本是由林德氏在18世纪末发现的，据考证，它出现在公元前2000年左右。其中，还提到了一些其他的数学著作，可能要追溯到公元前3000年左右。在这个草纸本中，有许多关于算术或代数的题目。其中，有一道题目是这样的：

【题目】有100份面包要分给5个人，第二个人比第一个人多分的量，等于第三个人比第二个人多分的量，也等于第四个人比第三个人多分的量，还等于第五个人比第四个人多分的量。另外，前面两个人分的量是后面三个人分的量的 $\frac{1}{7}$。那么，每个人分得的面包是多少份？

【解答】显然，每个人分得的面包数成递增的级数。假设第一个人分得的面包为 x 份，第二个人比第一个人多分了 y 份，则：

第一个人的面包数：x

第二个人的面包数：$x+y$

第三个人的面包数：$x+2y$

第四个人的面包数：$x+3y$

第五个人的面包数：$x+4y$

根据题意，可得到下面的方程组：

$$\begin{cases} x+（x+y）+（x+2y）+（x+3y）+（x+4y）=100 \\ 7\left[x+（x+y）\right]=（x+2y）+（x+3y）+（x+4y） \end{cases}$$

第一个方程化简可得：

$$x+2y=20$$

第二个方程化简可得：

$$11x=2y$$

解得：

$$x=1\frac{2}{3},\ y=9\frac{1}{6}$$

也就是说，这100份面包应该分成下面5份：

$$1\frac{2}{3},\ 10\frac{5}{6},\ 20,\ 29\frac{1}{6},\ 38\frac{1}{3}$$

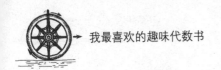

用方格纸推导公式

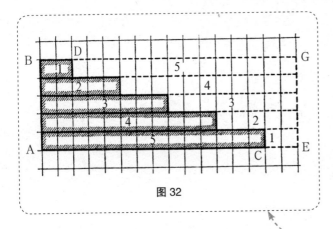

图32

级数的问题可追溯到5000年前，但在学校教育中出现却是很久以后的事。200多年前，马格尼茨基出版了一本教材，里面提到了级数。不过，教材中并未出现计算级数的公式。关于级数的求和，可通过方格纸来进行推算。

在方格纸上，可以把级数表示为台阶式的图形。如图32所示，这个图形表示的级数为2、5、8、11、14，把原来的阶梯式图形扩展为矩形ABGE，这样我们就得到两个全等的图形，即ABDC和GECD，它们的面积都表示该级数的各项之和。也就是说，级数的各项之和等于平行四边形ABGE面积的一半，而平行四边形ABGE的面积为：

$$S_{ABGE}=(AC+CE)\times AB=80$$

需要注意的是，（AC+CE）表示级数的首项和末项之和，AB表示级数的项数。所以：

$$2S=（首项+末项）\times 项数$$

从而，

$$S=\frac{（首项+末项）\times 项数}{2}=40$$

园丁所走的路程

【题目】有一片30畦的菜园，每畦的长为16米，宽为2.5米。如图33所示，在距离菜园边界14米的地方有一口井，园丁要从这口井里提水浇菜。已知他每次提的水只能浇一畦，浇水的时候要沿着畦边绕一圈。假设园丁的起点和终点都在井边。试问，浇完全部菜园，园丁要走多少路？

图33

【解答】园丁在浇第一畦菜时所走的路程为：

$$14+16+2.5+16+2.5+14=65（米）$$

浇第二畦时所走的路程为：

$$14+2.5+16+2.5+16+2.5+2.5+14=65+5=70（米）$$

很容易得出，他浇下一畦菜走的路程都比上一畦长5米。也就是说，他浇每一畦所走的路程为下面的级数：

$$65，70，\cdots，65+5\times29$$

这个级数的和为：

$$\frac{（65+65+5\times29）\times30}{2}=4125（米）$$

即，园丁一共要走4125米的路才能浇完这块菜园。

喂鸡

【题目】一共有31只母鸡，按照每只鸡每周吃一斗的量准备了一批饲料。如果每周都减少一只母鸡，那么最初准备的饲料能够维持的时间刚好是原计划的两倍。请问，最初准备的饲料是多少？这些饲料原计划维持多长时间？

【解答】设最初准备的饲料为 x 斗，原计划维持 y 周的时间，则有下面的关系：

$$x=31y$$

如果每周都减少一只母鸡，则第一周消耗饲料31斗，第二周消耗饲料30斗，第三周消耗饲料29斗，……，第2y周消耗饲料（31−2y+1）斗。显然，这是

> 各周消耗饲料的数量有如下规律：
> 第一周：31斗，
> 第二周：（31−1）斗，
> 第三周：（31−2）斗，
> ……
> 第 $2y$ 周：（31−2y+1）斗。

一个项数为 $2y$ 的级数，它的首项为31，末项为（31−2y+1），它们的和即为原来饲料的储存总量 x。

所以，

$$x=31y=\frac{(31+31-2y+1)\times30}{2}=(63-2y)\,y$$

即：

$$(63-2y)\,y=31y$$

显然，y 不等于0，所以可以约去，得出：

$$y=16$$

那么，

$$x=496$$

这就是说，最初准备的饲料是496斗，原计划维持16周的时间。

挖沟问题

【题目】如图34所示，学校组织部分学生挖一条沟。如果这些学生全部出动，只需要24小时就能挖完。不过，最初只有一个人挖；过了一段时间后，才来了第二个人；又过了同样长的时间，来了第三个人；再过同样长的时间，又来了第四个人……直到最后所有人都加入。经过计算发现，第一个人的工作时间正好是最后一个人的11倍。请问，最后那个人的工作时间是多少？

图34

【解答】设最后一个人的工作时间是x小时，共有y个人挖这条沟。那么，第一个人的工作时间就是$11x$小时，且每个人的工作时间为递减级数，级数共有y项。所以有：

$$\frac{(11x+x)\times y}{2}=6xy$$

另外，由于y个人一起挖沟的话，24小时即可完工，所以总的工作量为 $24y$，所以有：

$$6xy=24y$$

显然，y不等于0，可以约去，于是有：

$$6x=24$$
$$x=4$$

也就是说，最后一个人的工作时间是4小时。需要说明一点，如果题目让求共有多少人挖沟，也就是y值，是无法得出的，因为题目没有给出足够的条件。

原来有多少个苹果

【题目】在一个水果店里，第一个顾客买走了所有苹果的一半加半个，第二个顾客又买走了剩下的一半加半个，第三个也买走了剩下的一半加半个，……，第七个顾客买走剩下的一半加半个后，苹果刚好卖完。请问，水果店里原来有多少个苹果？

【解答】设原来有 x 个苹果，那么第一个顾客买走的苹果数是：

$$\frac{x}{2}+\frac{1}{2}=\frac{x+1}{2}$$

第二个顾客买走的数量是：

$$\frac{1}{2}\left(x-\frac{x+1}{2}\right)+\frac{1}{2}=\frac{x+1}{2^2}$$

第三个顾客买走的数量是：

$$\frac{1}{2}\left(x-\frac{x+1}{2}-\frac{x+1}{2^2}\right)+\frac{1}{2}=\frac{x+1}{2^3}$$

……

第七个顾客买走的数量是：

$$\frac{x+1}{2^7}$$

所以，可得到如下方程：

$$\frac{x+1}{2}+\frac{x+1}{2^2}+\frac{x+1}{2^3}+\cdots+\frac{x+1}{2^7}=x$$

即：

$$(x+1)\left(\frac{1}{2}+\frac{1}{2^2}+\frac{1}{2^3}+\cdots+\frac{1}{2^7}\right)=x$$

括号中为一个几何级数的和，它等于 $\left(1-\frac{1}{2^7}\right)$，所以有：

$$\frac{x}{x+1}=1-\frac{1}{2^7}$$

解方程得：

$$x=2^7-1=127$$

也就是说，水果店里原来有127个苹果。

需要花多少钱买马

【题目】如图35所示，有个人养了一匹马，卖了156卢布。但是，买马的人后来反悔了，又把马退还给了卖主，并说："你这匹马根本不值这个价钱，我不买了。"卖主听后，说道："在每只马蹄铁上有6个钉子，只要你把所有的钉子都买了，我就把这匹马白送给你。钉子的价钱是这样的：第一个钉子是$\frac{1}{4}$戈比，第二个钉子是$\frac{1}{2}$戈比，第三个钉子是1戈比，……，以此类推。"

买主听后，被钉子的价钱打动了，接受了卖主的条件，心想这些钉子最多也不超过10卢布。那么，请问，买主到底需要花费多少钱买钉子呢？

图 35

【解答】显然，马蹄上一共有24个钉子，买主需要花费的戈比是：

$$\frac{1}{4}+\frac{1}{2}+1+2+4+\cdots+2^{24-3}$$

这是一个几何级数的和，它等于：

$$\frac{2^{21}\times 2-\frac{1}{4}}{2-1}=2^{22}-\frac{1}{4}=4194303\frac{3}{4}（戈比）$$

也就是大约42000卢布，以这样的价格卖出钉子，卖主自然愿意白送这匹马了。

发放抚恤金

在一本非常古老的俄国数学教材中，有一道这样的题目：

【题目】古时候，有个国家规定，战士如果负了一次伤，就给1戈比的抚恤金；如果负了两次伤，就给2戈比的抚恤金；如果负了三次伤，就给4戈比的抚恤金；……；以此类推。有一个战士最后领到了655.35卢布。请问，他一共负了多少次伤？

【解答】假设这个战士一共负伤x次，则有下面的方程：

$$65535=1+2+4+\cdots+2^{x-1}$$

即：

$$65535=\frac{2^{x-1}\times2-1}{2-1}=2^x-1$$

则有：

$$65536=2^x$$

$$x=16$$

按照上面说的抚恤金制度，这个战士得到655.35卢布，是因为他负伤了16次。负伤这么多次，还能够活下来，真的是万幸啊！

Chapter9
第七种数学运算

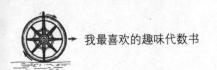

第七种运算——取对数

在前文我们提到，代数的第五种运算有两种逆运算：一种是开方，另一种是取对数。比如：$a^b=c$，如果求a就是开方，而求b就是取对数。如果你学过数学课本中的内容，那么一定能够理解这个表达式：$a^{\log_a b}$，并求出它的值。

很容易理解，如果把上面的底数a进行乘方，且这个乘方的次数是以a为底b的对数，那么，结果刚好等于b。

你知道为什么发明对数吗？毋庸置疑，就是为了让运算更加方便。对数是由耐普尔发明的，他曾经这样说过："我要尽最大的努力，降低运算难度，减少运算量，很多人就是因为数学运算太复杂而对数学产生了恐惧。"

实际上，对数确实能够简化运算，甚至在有些情况下，离开了对数，运算根本无法进行，比如对任意指数进行开方。数学家拉普拉斯也说过："对数的

出现，使原来几个月才能完成的运算，只需要几天就能完成。毫不夸张地说，对数的引入，让天文学家的寿命成倍地延长。"因为天文学家经常要进行复杂的运算。事实上，对于所有的领域而言，只要跟数学打交道，对数都可以简化运算，这是不争的事实。

现在，我们已经能够很熟练地运用对数，并将其对运算的简化视为很平常的事情。很难想象，它刚刚问世的时候，人们该有多么惊叹它的威力。

与耐普尔同时代的布利格发明了常用对数。他读了耐普尔的著作后，说："耐普尔发明的对数太新颖、太奇妙了，我想尽快见到他本人，我从来没有读过让自己如此喜欢、如此惊叹的书。"后来，他真的在苏格兰见到了耐普尔。据说，他见到耐普尔后，是这样说的：

"我不远万里来到这里,只有一个目的,那就是拜见您。我很想知道,您到底拥有怎样的聪明才智,才发明了这个妙不可言的工具——对数?我非常不明白的是,为什么以前的人没有想到,可当您发明了以后,它看起来又是那样简单!"

对数的劲敌

在对数出现之前，人们为了加快计算速度发明了一种表，能够把乘法运算转换成减法运算。具体来说，这种表是根据下面的恒等式得出的：

$$ab=\frac{(a+b)^2}{4}-\frac{(a-b)^2}{4}$$

很容易证明，这个恒等式是正确的。

通过上面的方式，就把乘法运算转换成了减法运算。我们可以把各个数平方的 $\frac{1}{4}$ 制成表格，两个数的乘积就等于这两个数和的平方的 $\frac{1}{4}$，减去它们差的平方的 $\frac{1}{4}$。这种表能够简化平方和平方根的运算，如果结合倒数表，还能大大简化除法运算。与对数表相比，这个表的优点在于能够得到准确的结果，而不是近似值。当然，它的缺点也很明显，在很多实际应用的场合不如对数表方便。这种方法只能用于两个乘数的相乘，但对数表却可以一次求出很多个数的乘积。另外，利用对数还可以求任意次数的乘方，或者任意指数的方根。比如说，在计算复利息的时候，使用 $\frac{1}{4}$ 平方表就行不通了。

不过，就算已经发明了对数，这种 $\frac{1}{4}$ 平方表依然有人出版。1856年，法国出版的一张平方表上这么描述："利用这张1～10亿的数字平方表，可以非常方便地求出两个数的乘积的准确值，它比对数表方便多了。（亚历山大·科萨尔）"即便到现在，依然有人在做这项工作，他们可能不知道，这种表在很早的时候就出现了。不止一次地，有人拿着自己"发明"的这种表找到我，以为是最新的发明，他们不知道，这种表早在300多年前就出现了。

除了 $\frac{1}{4}$ 平方表以外，对数还有其他的"强劲对手"。在一些参考书中有一些计算用表，它们大都是一些综合性的表，涵盖的内容很多。比如，2~1000各数的平方、平方根、立方、立方根，甚至倒数、圆周长度、圆面积等。它们都能使技术方面的计算变得更加方便，但是这种表也存在局限性，有时并不实用，而对数表的应用却很广泛。

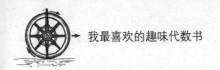

进化的对数表

以前的学校用的对数表都是5位数的，现在都换成了4位的。这是因为，对于一般的技术计算来说，4位对数表已经足够用了。对于大部分的技术计算，3位的对数表已经基本够用。

1624年，英国伦敦的数学家亨利·布利格编写了第一个常用对数表，这个表是14位的。几年后，荷兰数学家安特里安·符拉克又编写了10位的对数表。到了1794年，又有人编写了7位的对数表。

可见，对数表的演化趋势是尾数越来越短，因为计算的准确程度总是低于量度的准确程度。另外，尾数的缩短也产生了两种重要的影响：一是大大减少了表的篇幅；二是使用起来更加方便，可以加快运算的速度。一个7位的对数表需要200页的篇幅，而5位的对数表只需要30页，4位的只需要2～3页就可以了，3位的只需要1页就够了。

对于同一种计算来说，用5位对数表比用7位对数表要节省一半的时间。

对数 "巨人"

在实际生活中，用3位和4位对数表已经足够，但对于理论研究人员来说，这还远远不够，他们甚至会用到14位以上的对数表。大多数对数都是无理数，不管用多少位数字都无法将它准确地表示出来。也就是说，对大多数对数而言，无论取多少位都是近似值。当然，尾数越多，越接近真实值。对于科学研究而言，有时就算是14位对数也无法达到要求的精密度。自打对数表问世以来，已经至少有500种对数表，在这些表中，总有一种能够满足这些科研人员的需求。比如，法国的卡莱于1795年编写了2~1200中所有数的20位对数表。如果一组数的范围比较窄，则它的对数表的位数更多。这可以说是对数中的奇观了。

下面，我们就来一起看看几个对数中的"巨人"：沃尔佛兰姆编写的10000以下各数的48位对数表、沙尔普编写的61位对数表、帕尔克赫尔斯特编写的102位对数表。这些对数都是自然对数，而非常用对数，即都是以$e=2.718\cdots$为底的对数。还有一个更加壮观的对数表，那就是亚当斯编写的260位对数表。

布利格的14位对数表仅包括1~20000与90000~101000中各数的对数。

事实上，亚当斯的对数表不是真正的表，而是利用2、3、5、7、10这5个数的自然对数与一个260位的换算因数，再利用加法或乘法运算换算成许多合数的常用对数。这也很容易理解，比如，12的对数就是2、2、3这三个数的对数之和。

在讨论对数的奇观时，我们必须要提到一种灵巧的计算工具，那就是计算尺，它使用起来非常方便。在技术工作中，它的使用很普遍，就像人们用算盘一样。这种工具也是根据对数的原理设计出来的，但是对于使用的人而言，可以完全不知道对数是何物，这正是它的巧妙之处。

舞台上的速算家

在大庭广众之下，速算家能够表演出令人惊讶的速算游戏。比如，你听说有一位速算家能够计算出很多位数的高次方根，于是，你事先在家里花费很长时间计算出一个数的31次乘方，得到了一个35位的数，然后你找到这位速算家，跟他说："你能把下面这个35位数的31次方根速算出来吗？我来读，你来写。"

还没有等你读出这个数的第一个数字，速算家就已经用粉笔写出了答案：13。是不是太神奇了？明明你还没有读，他竟然就知道了这个数的方根，而且还是31次方根。

其实，这没什么可奇怪的。秘密就在于，只有13的31次方根是35位数。比13小的数，它的31次方根不到35位；比13大的数，它的31次方根是一个多于35位的数。那么，速算家是如何知道的呢？他又是怎么计算出13的呢？

$$\lg 5 = \lg \frac{7}{12} = 1 - \lg 2。$$

没错，他就是利用了对数。他事先记住了前15～30个数的2位对数。乍一看，好像并不容易，但如果根据下面的法则，就简单多了：一个合数的对数就等于它素因数的对数之和。所以，只要记住了2、3、7的对数，就能得到前10个数的对数。后面的10个数，只需要再记住4个数，即11、13、17、19的对数就可以了。

所以，在这位速算家心里，早就已经摆好了下面的2位对数表。

速算家表演的这个令人惊讶的戏法，就是利用了下面的式子：

$$\lg \sqrt[31]{35位数字} = \frac{34.\cdots}{31}$$

所以，这个对数的上、下限分别是$\frac{34}{31}$和$\frac{34.99}{31}$，也就是说，它大于1.09，小

真数	对数	真数	对数
2	0.30	11	1.04
3	0.48	12	1.08
4	0.60	13	1.11
5	0.70	14	1.15
6	0.78	15	1.18
7	0.85	16	1.20
8	0.90	17	1.23
9	0.95	18	1.26
—	—	19	1.28

于1.13。在这个范围中，只存在一个整数的对数1.11，这个整数是13。不过，能以非常快的速度算出来，心思必须要灵活，且能够熟练运用对数。从根本上来说，这确实是很简单的。就算做不到心算，在纸上也能够计算出来。读者们可以自己试一试下面的例子。

朋友给你出了一道题目，让你计算一个20位数的64次方根。不需要知道这个20位数是什么，你可以直接告诉他结果是2。为什么呢？

因为$\lg\sqrt[64]{20位数字}=\dfrac{19\cdots}{64}$，所以这个数的对数应该大于$\dfrac{19}{64}$，小于$\dfrac{19.99}{64}$，也就是介于0.29和0.32之间。在这个范围中，只有一个整数的对数是0.30，这个整数就是2。

当你的朋友感到惊讶时，你还可以告诉他，他想要告诉你的那个20位数，就是著名的"国际象棋数"：2^{64}=18446744073709551616，这肯定会让他大吃一惊。

饲养场里的对数

【题目】我们把仅仅能够维持牲畜基本机能运转所需的最低分量饲料称为 "维持" 饲料量，它主要用来供给动物的体温消耗、内脏运动以及细胞的新陈代谢。它跟牲畜的表面积成正比。假设一头630千克的公牛所需的 "维持" 饲料量所含的热量是13500卡，那么在同等的条件下，一头420千克的公牛所需要的最低热量是多少卡？

【解答】这道题除了用到代数之外，还要用到几何知识。

假设所需的最低热量是x卡，由于所求的热量数与牲畜的表面积s成正比，所以有：

$$\frac{x}{13500}=\frac{s}{s_1}$$

其中，s_1是630千克的公牛的体表面

> "维持" 饲料量与生产消耗饲料量不同，后者指牲畜成为产品时所需的饲料量。

积。由几何知识可知，相似物体的表面积与对应长度的平方成正比，体积（或质量）与对应长度的立方成正比，即：

$$\frac{s}{s_1}=\frac{L^2}{L_1^2}$$
$$\frac{420}{630}=\frac{L^3}{L_1^3}$$

于是：

$$\frac{L}{L_1}=\frac{\sqrt[3]{420}}{\sqrt[3]{630}}$$

得出：

$$\frac{x}{13500}=\frac{\sqrt[3]{420^2}}{\sqrt[3]{630^2}}=\sqrt[3]{\frac{420^2}{630^2}}=\sqrt[3]{\frac{2^2}{3^2}}$$

$$x=13500\sqrt[3]{\frac{4}{9}}$$

查对数表，可得：

$$x\approx10300$$

所以，这头420千克的公牛所需要的最低热量为10300卡。

对数、噪声和恒星

乍一看，本节标题中的几个词相互之间没什么关系，这会让读者觉得很奇怪。但其实，我是想告诉大家，恒星和噪声都跟对数有着密切的关系。之所以把恒星和噪声放在一起，是因为恒星的亮度与噪声的响度一样，都可以用对数来进行度量。

根据视觉辨别出的亮度，天文学家把恒星分成一等星、二等星、三等星，等等。对于我们的肉眼来说，连续排列的恒星就像是代数中的每一项级数。但是，它们的物理亮度（客观亮度）却是按照另一种规律变化的，确切地说，它们的物理亮度是公比为 $\frac{1}{2.5}$ 的几何级数。很容易理解，恒星的等级就是它物理亮度的对数，更精确地说，是负对数。比如，一等星比三等星亮 $2.5^{(3-1)}$ 倍，也就是6.25倍。换句话说，天文学家在表示恒星的视觉亮度时，用的就是以2.5为底的对数表。本节中，我们不对此进行详细的讨论。有兴趣的读者，可以参考本系列丛书中的《趣味天文学》一书。

在度量噪声的响度时，用的也是这样的方法。对工厂里的工人来说，噪声影响着他们的身体健康和工作效率，这就使得人们想办法测量出它的响度究竟有多大。我们通常用"贝尔"作为响度的单位，其实用得最多的是它的 $\frac{1}{10}$，也就是"分贝"（1贝尔=10分贝）。比如，1贝尔、2贝尔等，我们常说成10分贝、20分贝等。对于人的耳朵来说，这些连续的响度就像一个算术级数。但是，噪声的"强度"或者说能量却是一个公比为10的几何级数。比如，两个噪声的响度只差1贝尔，但它们的强度却差了10倍。也就是说，噪声的响度刚好等于强度或能量的常用对数。

下面，我们来看几个例子，就能更清楚地了解这一点。

树叶沙沙响的响度是1贝尔，我们大声讲话的响度是6.5贝尔，狮子吼叫的响度是8.7贝尔。根据这些数据，可以得出：

大声讲话的强度是树叶沙沙声的 $10^{(6.5-1)}=10^{5.5}=316000$ 倍；

狮子吼叫的强度是大声讲话的 $10^{(8.7-6.5)}=10^{2.2}=158$ 倍。

如果噪声的响度大于8贝尔，就会对人类机体产生伤害。在很多工厂中，噪声的响度远远超过了这个指标，甚至超过了10贝尔。比如，锤子打在钢板上产生的噪声响度是11贝尔。这些噪声的强度通常比可忍受的强度大100倍甚至1000倍，尼亚加拉大瀑布最喧闹的地方，噪声的响度也不过是9贝尔。

无论是衡量恒星的视觉亮度，还是确定噪声的响度，在感觉和刺激的数量之间存在着对数关系，这并不是偶然。其实，它们都是由所谓的"费赫纳尔心理物理学定律"决定的，即感觉的数量与刺激数量的对数成正比。

所以说，在心理学领域中也存在着对数。

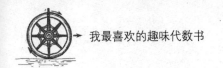

灯丝的温度

【题目】与金属材料灯丝的真空灯泡相比，充气的电灯泡发出的光更亮。这是因为两种灯泡灯丝的温度不同。依据物理学定律，白炽物体发出的光线总量与绝对温度（从-273℃开始算起的温度）的12次方成正比。

我们来看一道题目：如果一个充气灯泡灯丝的绝对温度是2500K，而一个真空灯泡灯丝的绝对温度是2200K，前者与后者相比，发出来的光要强多少倍？

【解答】假设这个倍数是x，则有方程：

$$x=\frac{2500^{12}}{2200^{12}}=\left(\frac{25}{22}\right)^{12}$$

两边取对数，得：

$$\lg x=12\left(\lg25-\lg22\right)=4.6$$

也就是说，充气灯泡所发出的光线强度是真空灯泡的4.6倍。换句话说，在同样的条件下，如果真空灯泡发出的光线相当于50支蜡烛的光，那么，充气灯泡发出的光线就相当于230支蜡烛的光。

【题目】在上面的题目中，如果要求电灯的亮度加倍，那么，绝对温度要提高多少（百分比）呢？

【解答】假设要提高x，则有：

$$\left(1+x\right)^{12}=2$$

两边取对数，得：

$$12\lg\left(1+x\right)=\lg2$$

很容易得出：

$$x=0.06=6\%$$

【题目】如果灯丝的绝对温度提高了1%，那么，灯泡的亮度增加了多少（百分比）？

【解答】假设亮度增加了x，则：

$$x=1.01^{12}$$

两边取对数，得：

$$x=1.13$$

即，灯泡的亮度增加了13%。

在这个题目中，如果绝对温度提高2%，灯泡的亮度将增加27%；如果绝对温度提高3%，亮度将增加43%。由此可见，为什么人们要想办法提高灯丝的温度了，因为灯丝的温度哪怕只提高1℃或2℃，灯泡的亮度都可以增加很多。

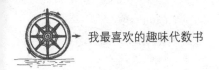

遗嘱中的对数

很多读者都知道那个象棋发明者被奖赏的麦粒数目，就是在1的基础上不断累乘2得到的。在棋盘上的第1个格里放1粒麦子，在第2个格里放2粒，后面每个格放的麦粒数都是前面那个格的2倍，一直到最后的第64个格。

其实，就算不是每个格都加倍，只是加了一个小得多的倍数，最后得出的数字也会非常大。比如，一笔钱每年的利息是5%，那么下一年的钱数就是今年的1.05倍，这看似不多，但如果过了足够长的时间，这笔钱就会变成非常大的数目。美国著名的政治家富兰克林曾经立过一份遗嘱，大致的内容如下：

把我财产中的1000英镑送给波士顿的人民。如果他们接受了这些钱，我希望他们把这笔钱以每年5%的利息借给那些手工业者，让这笔钱不断地生息。这样的话，100年后，这笔钱将变成131000英镑。那时，可以拿出100000英镑兴建一所公共设施，再把剩余的钱继续按5%的利率生息。再过100年，这笔钱将变成4061000英镑，那时，把其中的1061000英镑给波士顿的居民，让他们自由支配，剩下的3000000英镑给马萨诸塞州的公众，让他们负责管理。以后如何处理这些钱，我就不管了。

可见，富兰克林只留下了1000英镑，却列出了支配几百万英镑的计划。不要怀疑，这里没有任何问题，通过数学计算就可以证实这一点。最初的1000英镑，如果年利率是5%的话，那么，100年之后就变成：

$$x=1000 \times 1.05^{100}$$

两边取对数，得：

$$\log x = \log 1000 + 100 \log 1.05 \approx 5.11893$$

解得：

$$x=131000$$

第二个100年后，31000英镑将变成：

$$y=31000 \times 1.05^{100}$$

同样的方法，得出：

$$y=4076500$$

这个结果跟遗嘱上的稍有出入，但相差得并不大。

对于下面的问题，读者们可以试着自己解答。该题目出自《戈洛夫廖夫老爷们》，是萨尔蒂科夫·谢德林的著作。题目是这样的：

"波尔菲里·符拉基米洛维奇一个人坐在办公室里，在纸上不停地计算着什么。他在计算一个问题：在自己出生的时候，爷爷给了100卢布，要是这些钱没有花掉，而是以自己的名义存在当铺里，现在会是多少钱呢？算出来的数字不是很大，一共800卢布。"

假设当时波尔菲里已经50岁了，且他的计算方法是对的，那么，当时那个当铺的利率是多少呢？

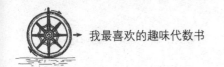

连续增长的资金

一笔钱存在银行里，每年都会把利息并到本金中。这样归并的次数越多，这笔钱增长的速度就越快，因为产生利息的钱数变多了。我们来看一个简单的例子：

假设存进去100卢布，银行的年利率是100%，一年结束后就把利息并到本金中，那么一年后，这笔钱就会变成200卢布。若是每半年就把利息并到本金中，那么，一年后，这笔钱将变成多少呢？

首先，半年后的总钱数为：

$$100 \times 1.5 = 150 卢布$$

又过了半年后，总钱数为：

$$150 \times 1.5 = 225 卢布$$

如果归并利息间隔的时间再少一些，比如说是 $\frac{1}{3}$ 年，那么，一年后，这笔钱将变成：

$$100 \times \left(1+\frac{1}{3}\right)^{3} \approx 237.03 卢布$$

如果再缩短一些，比如0.1年、0.01年、0.001年，那么，一年后，这100卢布将分别变成：

$$100 \times (1+0.1)^{10} \approx 259.37 卢布$$

$$100 \times (1+0.01)^{100} \approx 270.48 卢布$$

$$100 \times (1+0.001)^{1000} \approx 271.69 卢布$$

通过高等数学的方法可以证明，会得到一个极限值，也就是说，就算利息并到本金中的时间无限缩短，这100元最后也不会无限地增加，而是会达到一个极限，大概是271.83元。即，如果年利率是100%的话，那么不管把利息并到本金的时间缩到多么短，最后得到的钱数也不可能多于本金的2.7183倍。

神奇的无理数 "e"

上一节我们得出了一个数字：2.7183…，这是一个无理数。在高等数学中，这个数字的作用很大，通常把它记为e，并用下面的级数来计算它的近似值：

$$1+\frac{1}{1}+\frac{1}{1\times2}+\frac{1}{1\times2\times3}+\frac{1}{1\times2\times3\times4}+\frac{1}{1\times2\times3\times4\times5}+\cdots$$

在上节关于存款按照复利方式增长的例子中，我们知道e就是式子 $(1+\frac{1}{n})^n$ 在n趋于无穷大时的极限值。

鉴于很多无法赘述的原因，我们把e作为自然对数的底，这是很方便的。很早以前就有了自然对数表，并在科学技术中发挥了重要的作用。在前面的章节中，我们提到了48位、61位、102位，甚至260位的对数"巨人"，它们都是以e作为底的对数。

此外，数e还经常出现在我们意想不到的地方，比如下面的题目：

把数a分成若干份，要使每一份的乘积最大，该如何分呢？

我们之前已经分析过，如果一组数的和为定值，要想使它们的乘积最大，这组数中的每个数必须相等。显然，这里的a分成的每一份都相等，那么该分成多少份呢？利用高等数学的知识可以证明：当所分的每份与e最接近的时候，所得的乘积最大。

比如，假设a等于10，该如何分呢？前提是每一份都相等。我们可以先求出e除a的商，即：

$$\frac{10}{2.718\cdots}=3.678\cdots$$

我们不可能把一个数分成3.678…份，只能取最接近这个数的整数，也就是4。

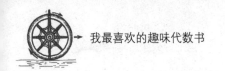

所以，分成的每一份就是 $\frac{10}{4}$，也就是2.5，这时各项乘积最大，这4份的乘积是：

$$2.5^4=39.0625$$

结论是否正确呢？我们来验证一下。如果把10分成3份或5份，得到的乘积分别是：

$$(\frac{10}{3})^3 \approx 37, \quad (\frac{10}{5})^5=32$$

它们都比前面的结果小。

如果a等于20呢？此时，就必须分成相等的7份，因为：

$$\frac{20}{2.718\cdots} \approx 7.36$$

如果a是50，应该分成18份；如果a是100，应该分成37份。因为：

$$\frac{50}{2.718\cdots} \approx 18.4$$

$$\frac{100}{2.718\cdots} \approx 36.8$$

不仅在数学领域，在物理学、天文学和其他领域中，数e都发挥着重要的作用。比如，在下面的这些问题中，经常会用到数e：

- 气压随高度不同而变化的公式

- 欧拉公式

- 物体的冷却规律

- 放射性元素的衰变

- 地球的年龄

- 摆锤在空气中的摆动

- 计算火箭速度的奥尔科夫斯基公式

- 线圈中的电磁振荡

- 细胞的增殖

参见《星际旅行》一书。

用对数"证明" 2 > 3

【题目】在前面的章节中，我们了解到一些数学中出现的喜剧。在对数中，也存在这样的例子。下面我们就用对数证明一下不等式"2>3"。

显然，下面的不等式是对的：

$$\frac{1}{4} > \frac{1}{8}$$

我们把它变换成如下形式：

$$\left(\frac{1}{2}\right)^2 > \left(\frac{1}{2}\right)^3$$

这里没有任何问题。由于大数的对数也相应地大，所以有：

$$2\lg\left(\frac{1}{2}\right) > 3\lg\left(\frac{1}{2}\right)$$

把两边的 $\lg\left(\frac{1}{2}\right)$ 约掉，得到：

$2>3$。

显然，这个结果是错误的。

那么，问题到底出在哪儿了呢？

【解答】其实，前面的变换没问题，取对数也没错，错就错在约掉 $\lg\left(\frac{1}{2}\right)$ 这一步。因为 $\lg\left(\frac{1}{2}\right)$ 是一个小于0的数，所以在约掉它的时候应该改变不等式的符号，但在上面的计算中却没有这样做。

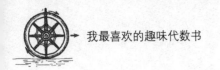
用3个2表示任意数

【题目】最后，用一个非常巧妙的代数题来结束我们这本书：

对于一个任意正整数，请用3个2和任意的数学符号表示出来。

【解答】我们先来看看这道题的特例。

假设这个数是3，那么：

$$3=-\log_2\log_2\sqrt{\sqrt{\sqrt{2}}}$$

其实，这个等式很容易证明：

$$\sqrt{\sqrt{\sqrt{2}}}=\left[\left(2^{\frac{1}{2}}\right)^{\frac{1}{2}}\right]^{\frac{1}{2}}=2^{\frac{1}{2^3}}=2^{2^{-3}}$$

$$\log_2\sqrt{\sqrt{\sqrt{2}}}=\log_2 2^{2^{-3}}=2^{-3}$$

$$-\log_2 2^{-3}=3$$

如果这个数是5，同样的方法，我们会得到下面的式子：

$$5=-\log_2\log_2\sqrt{\sqrt{\sqrt{\sqrt{\sqrt{2}}}}}$$

由此可见，如果这个数是N，则有：

$$N=-\log_2\log_2\underbrace{\sqrt{\sqrt{\sqrt{\cdots\sqrt{2}}}}}_{N层根号}$$

很容易看出，上式中根号的层数刚好等于这个数的值。